GPS 高程测量理论方法及工程应用

Theoretical Methods and Engineering Application of GPS Vertical Survey

宋 雷 / 著

人民交通出版社股份有限公司
China Communications Press Co.,Ltd.

内 容 提 要

本书主要介绍 GPS 高程测量的基本理论方法及其工程应用。内容包括：适用于卫星重力信息融合的神经网络算法；多时段、多卫星区域重力场信息融合技术；卫星重力在工程线路区域似大地水准面精化中的应用；高精度 GPS 高程测量及高海拔地区交通工程应用等。研究表明，BP 神经网络方法可以有效融合卫星重力信息；多时段卫星重力信息融合可明显提高区域似大地水准面的精度，使 GPS 高程测量的精度达到四等几何水准的精度要求。

本书可供高等学校测绘相关专业师生参考，也可供测绘工程技术人员阅读借鉴。

图书在版编目(CIP)数据

GPS 高程测量理论方法及工程应用 / 宋雷著. — 北京：人民交通出版社股份有限公司，2018.11

ISBN 978-7-114-14757-9

Ⅰ. ①G… Ⅱ. ①宋… Ⅲ. ①全球定位系统—测量—高等学校—教材 Ⅳ. ①P228.4

中国版本图书馆 CIP 数据核字(2018)第 118187 号

书　　名：**GPS 高程测量理论方法及工程应用**
著 作 者：宋　雷
责任编辑：李　坤
责任校对：孙国靖
责任印制：张　凯
出版发行：人民交通出版社股份有限公司
地　　址：(100011)北京市朝阳区安定门外外馆斜街 3 号
网　　址：http://www.ccpress.com.cn
销售电话：(010)59757973
总 经 销：人民交通出版社股份有限公司发行部
经　　销：各地新华书店
印　　刷：北京虎彩文化传播有限公司
开　　本：787 × 1092　1/16
印　　张：11.75
字　　数：228 千
版　　次：2018 年 11 月　第 1 版
印　　次：2018 年 11 月　第 1 次印刷
书　　号：ISBN 978-7-114-14757-9
定　　价：60.00 元

作 者 简 介

宋雷 男,山东交通学院教授。2005年在中国科学院测量与地球物理研究所获得硕士学位,2008年在河海大学获得博士学位,2014年3月在东南大学完成博士后研究工作。研究方向为地球重力场、似大地水准面精化、神经网络技术应用和卫星重力信息融合等。主持山东省中青年科学家奖励基金项目一项、交通运输部应用基础研究项目一项,参加国家自然科学基金项目和省部级项目多项,发表相关论文20多篇。

前　　言

在工程中,我国采用似大地水准面为基准面的正常高系统,但 GPS 测量获得的高程信息是相对于 WGS-84 椭球的大地高,GPS 技术结合高精度、高分辨率似大地水准面模型才可以测定正常高,真正实现 GPS 技术在几何和物理意义上的三维定位功能。在国家现代测绘基准体系建设方面,厘米级精度似大地水准面作为目标已经提出,至今也取得了许多成果。我国中西部地形起伏剧烈,地球重力场短波成分复杂,包含局部重力场信息的观测数据的获取异常困难,这是影响我国中西部高精度、高分辨率似大地水准面精化的瓶颈问题。随着 CHAMP、GRACE 和 GOCE 等卫星重力任务的实施,对于消除陆地重力空白区和改善地面重力稀少区域的分辨率提供了前所未有的条件,超高阶地球重力场模型的发展以及 GPS/水准和高分辨率数字高程模型也为精化似大地水准面提供了丰富的数据源。

本书结合作者多年来在 GPS 高程测量理论方法及其工程应用方面的研究成果,主要介绍:适用于卫星重力信息融合的神经网络算法;多时段、多卫星区域重力场信息融合技术;卫星重力在工程线路区域似大地水准面精化中的应用;高精度 GPS 高程测量及高海拔地区交通工程应用等内容。希望通过作者相关研究工作,有效利用卫星重力信息改善地面重力数据缺乏区域似大地水准面的精度和分辨率,为我国中西部地区实现高分辨率、厘米级似大地水准面提供新的思路。

本书涵盖作者近十年的研究成果,主要以博士后研究报告和交通运输部应用基础研究项目研究报告为基础,也吸纳了近几年参与“未来中国卫星重力计划的数值模拟及其对全球重力场反演的贡献”项目研究的新成果。在研究过程中,得到中国科学院上海天文台吴斌研究员、周旭华研究员,东南大学交通学院胡伍生教授等专家学者的指导和帮助;在出版过程中,得到人民交通出版社股份有限公司的大力支持,在此一并表示感谢。

本书的出版,得到了交通运输部应用基础研究项目(2015319817280、2013319817120)、国家自然科学基金项目(11573053)、“未来中国卫星重力计划的数值模拟及其对全球重力场反演的贡献”项目的资助。

限于作者水平,本书内容难免出现不足之处,恳请专家学者批评指正。

作　者

2018 年 6 月 18 日

目　录

第1章　绪　　论

1.1　引言

传统的大地测量技术以角度测量、距离测量和高差测量为主要方式确定控制点的位置和高程，传统测量模式要求观测仪器与照准目标间相互通视，由于受到地球曲率以及地形、建筑物和地表植被等遮挡的影响，为保证观测点之间保持通视，需要在控制点上修建觇标，花费大量的人力与物力。在测量过程中，以光学仪器为主的传统测量技术也受到观测边长的限制，且迁站困难，致使工作效率较低。全球定位系统（Global Positioning System，简称GPS）的出现，给测绘行业带来了前所未有的技术革新，使用GPS系统进行精确定位的方式在测绘技术中已经逐步取代了传统的光学与电子测绘仪器。在大地测量方面，目前已利用GPS技术建立各级测量控制网，测定和精化（似）大地水准面，提供高精度的平面和高程三维基准。在工程测量方面，应用GPS静态相对定位技术，布设精密工程控制网，进行大坝和高层建筑物的变形监测；进行隧道贯通测量的洞外控制等方面也获得广泛应用，并取得较好效果。此外，GPS技术在航空摄影测量、地球动力学研究和海洋测量等诸多方面都发挥了重要作用，充分显示它在测绘领域比常规控制测量具有更大的优越性和适应性。

目前，工程中获得高程信息的主要手段仍然是水准测量，在地形起伏较大的区域，水准测量存在劳动强度大、外业进展较慢和误差累积等诸多缺点，甚至某些项目中水准方法实施高程测量极为困难。虽然GPS定位技术能够在相对于基线长度$10^{-7} \sim 10^{-9}$的量级精度上获得所测点位的三维相对坐标，但是在具体的工程应用中，点位的高程信息未得到有效应用，GPS技术仅在平面控制测量中发挥了较大的作用，这是因为GPS技术获得的高程信息是相对于WGS-84椭球的大地高，而我国工程应用中的法定高程系统是以似大地水准面为基准的正常高。将GPS大地高转换为正常高，是GPS应用领域的一个研究热点。

在工程应用中，我国以正常高作为法定高程系统，正常高是以似大地水准面为基准定义的高程系统，高精度、高分辨率的似大地水准面数值模型，可以给出任一点的似大地水准面高（高程异常），因而其被看作一种测定正常高的参考框架。GPS技术结合高精度、高分辨率似大地水准面模型可以取代传统的水准测量方法测定正常高，真正实现GPS技术在几何和物理意义上的三维定位功能。因此,在当今GPS定位时代,精化区域似大地水准面和建立新一代传统的国家或区域高程控制网同等重要,也是建立现代高程基准的主要任务。随着GPS技术在测绘领域的广泛应用,对高精度、高分辨率似大地水准面的要求也越来越迫切。

目前我国似大地水准面精化问题仍然是大地测量工作的重点。厘米级精度的似大地水准面作为目标已经提出,许多学者对此做了大量的研究,取得了许多成果。我国东部某些省市的局部似大地水准面精度已能够达到厘米级,并在不断地精化和改进。在地形起伏复杂的区域,特别是我国中西部,地球重力场短波成分复杂,精化似大地水准面所需的数据获取困难,更多的包含局部重力场信息的观测数据的获取一直是影响我国西部高精度、高分辨率似大地水准面精化的瓶颈问题。随着CHAMP、GRACE和GOCE等卫星重力任务的实施,对于消除陆地重力空白区和改善地面重力稀少区域的分辨率提供了前所未有的条件,卫星重力数据的不断积累和后续卫星重力计划的实施(比如GRACE Follow On等),使(似)大地水准面起伏信息更加丰富,精度和分辨率也在不断提高,利用卫星重力信息进行高精度、高分辨率似大地水准面精化必然成为新的发展方向。

1.2 国内外(似)大地水准面研究现状及分析

大地水准面和似大地水准面都是大地测量定义高程系统的参考面,前者作为测定正高的基准面,后者作为测量正常高的基准面。我国规定采用正常高系统,高程基准面是似大地水准面。北美国家一般采用正高系统,高程基准面是大地水准面。大地水准面是代表地球形状的一个封闭重力等位面,具有严密的物理意义;似大地水准面是为计算方便假设的面,不是重力等位面,但在海洋上,若略去海面地形影响则似大地水准面与大地水准面重合。因此正常高和正高的起算基准都是由验潮站确定的平均海面。全球大地水准面相对于椭球面的起伏约在 −105.9 ~ 83.7m 之间。图1-1为利用EGM96重力场模型计算的全球大地水准面相对于椭球面起伏的等值线。

目前,世界各国和地区的(似)大地水准面精化有了很大的发展,分辨率和精度都有很大提高。尤其是近几年,由于重力数据的积累、构建数字地形模型DTM的手段不断改进、超高阶重力位系数模型的分辨率和精度的显著提高,使确定高精度、高分辨率的重力(似)大地水准面成为可能,GPS/水准的出现,对结果的精度评定,也提供了一个可靠的外部检核标准。

整个欧洲地区(似)大地水准面的计算始于20世纪80年代初期,第一代欧洲重力大地水准面EGG1和EAGG1的精度为几分米,分辨率为20km。从1994年开始,欧洲先后推出EGG94、EGG95、EGG96和EGG97系列欧洲重力似大地水准面。EGG97以 $1.0' \times 1.5'$ 格网表示,中、长波系统误差为 ±8.0cm,短波误差信号为 ±1.3cm。美国在20世纪90年代前期

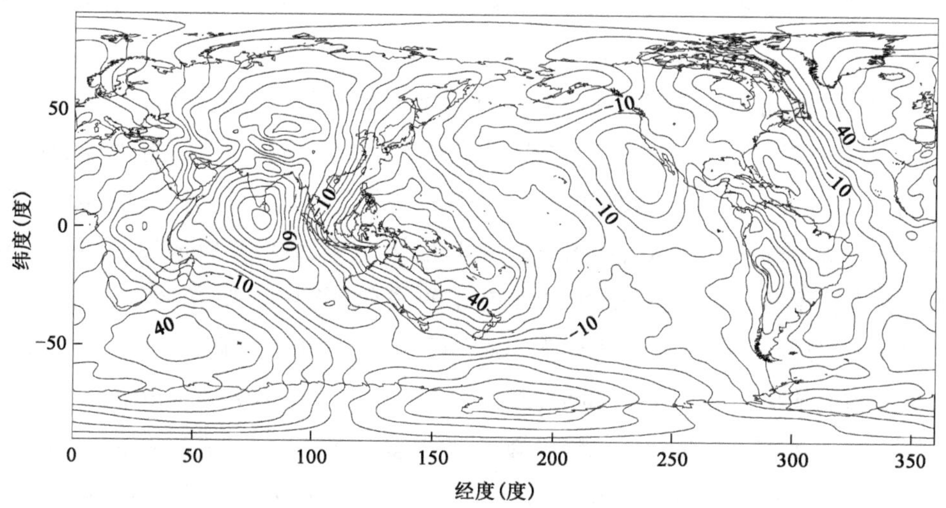

图 1-1 利用 EGM96 重力场模型计算的全球大地水准面异常图

先后推出了 GEOID90、GEOID93 和 G9501 区域大地水准面模型,G9501C 模型的精度为 ±2.6cm。20 世纪 90 年代中后期,美国对精化其局部大地水准面作了进一步的努力,主要是大力扩展 GPS/水准网,提高其分辨率和精度,推出的 GEOID99 的分辨率提高到了 1.0′×1.0′,精度为 ±2.0 ~ ±2.5cm,由 GPS 椭球高转换为正高的精度为 ±4.6cm,任意两点高差的精度为 ±2.0cm。最新的重力大地水准面模型 USGG2003 和大地水准面模型 GEOID03 构建过程中更新了深海重力异常数据,GPS/水准点的空间覆盖也有所增加。日本的重力大地水准面 JGEOID2000 与遍布全国的 GPS/水准网利用最小二乘配置法拟合,形成日本混合大地水准面模型 GSIGEO2000,内符合精度为 ±4.0cm,外符合精度为 ±4.5 ~ ±5.4cm。现在各国正在考虑运用新一代卫星重力计划 CHAMP、GRACE 和 GOCE,进一步改进大地水准面,使其达到传统水准测量的精度。近十几年来,许多国家和地区先后研制和推出了各自的(似)大地水准面模型,如欧洲的 EGG07、加拿大的 CGG2005、新西兰的 NZGeoid09、澳大利亚的 AUSGeoid09 以及美国的 GEOID09 等。欧洲地区的 EGG07 模型是在 EGG97 的基础上,融合 CHAMP、GRACE 卫星重力场模型信息和最新的重力和地形数据建立的,总体精度较 EGG97 模型提高 25% ~65%;加拿大大地水准面模型 CGG2005 的分辨率为 5′×5′,精度为 ±7.2cm;新西兰的 NZGeoid09 大地水准面模型,分辨率为 1′×1′,精度约为 ±6.2cm;澳大利亚的 AUSGeoid09 大地水准面模型,分辨率为 1′×1′,精度为 ±3.0cm;美国的 GEOID09 大地水准面模型,分辨率为 1′×1′,精度为 ±1.5 ~ ±1.6cm。

我国的似大地水准面确定工作在 20 世纪 70 年代初取得初步成果,先后构建了似大地水准面 CLQG60(Chinese Local Quasi Geiod 1960)、CQG80 和 WZD94 等模型。我国新一代似大地水准面数值模型(CQG2000)是原国家测绘局建立的能直接用于测绘生产并完全覆盖我国国土(包括海域区)的中国似大地水准面。CQG2000 的分辨率为 15′×15′,与地壳运动观测网络工程 GPS/水准点比较,标准差为 ±0.360m,表明了 CQG2000 的精度为分米级。CQG2000 模型的成功研制是我国精化(似)大地水准面的阶段性进展,分辨率和精度达到一个新的水平,但和国际先进水平相比,还有比较大的差距。我国中西部区重力场的短波成分很复杂,要全面实现厘米级(似)大地水准面的目标,还需坚持不懈的努力。目前,国家已经成功完成了部分省市的厘米级似大地水准面精化工作,其中 2005 年完成的浙闽赣区域似大地水准面外符合精度达到 ±0.062m,2007 年完成的华东、华中区域似大地水准面总体外符合精度达到 ±0.041m,精度均达到厘米级。在完成的城市(似)大地水准面中,许多城市的似大地水准面精度均优于 0.010m。例如,2011 年 12 月宁波市似大地水准面精化模型内符合精度为 ±1.0cm,外符合精度为 ±1.5cm,实用性静态(GNSS)高程精度为 ±1.9cm,实用性动态(GNSS)高程精度为 ±2.5cm,均满足利用城市四等 GNSS 高程测量代替四等水准测量的规范技术指标。

目前,国家已经先后成功完成了部分省市的似大地水准面精化工作,部分省级似大地水准面精度达到厘米级,城市(似)大地水准面精度优于 0.010m。部分省市的似大地水准面模型还在不断精化和改进。例如,2005~2006 年,华东区域似大地水准面精化项目中,山东省似大地水准面外符合精度达到 ±3.4cm;2014~2016 年,山东省测绘基准体系优化升级工程对山东省似大地水准面模型改进升级,外符合精度达到 ±2.0cm;青海测绘基准体系基础设施建设一期工程建立了分辨率为 2′×2′、精度优于 ±8.0cm 的精密似大地水准面模型;2017 年最新发布的青海第二期似大地水准面 2′×2′格网精度达到 ±6.1cm。总体来说,在我国西部建立精度优于 ±5.0cm 的似大地水准面模型还需要较多的区域重力信息资源。我国是一个幅员辽阔、地形起伏很大的国家,各省市经济发展很不平衡,重力场的变化也较复杂,特别是中西部区重力场的短波成分很复杂,要全面实现厘米级(似)大地水准面的目标,还需长期的努力。

国内外进行(似)大地水准面精化研究的学者众多,如宁津生、李建成、陈俊勇、许厚泽、晁定波、魏子卿、罗志才、李斐、申文斌、章传银、D. N. Arabelos、C. C. Tscherning.、N. Darbeheshti 等。他们在(似)大地水准面精化领域提出许多原创性的理论和方法,将(似)大地水准面模型的精度和分辨率不断推进。其中,武汉大学李建成等学者提出确定(似)大地水准面严密的陆海统一算法和具有原创性的球冠谐分析方法,导出顾及地球曲率的各类地形位(间接影响)及地形引力影响(直接影响)的球面严密积分公式,解决了 1cm 精度城市似大地水准面和 5cm 精度省级似大地水准面的关键技术。以地球重力场位理论为基础,通过解算相应的大地测量边值问题来确定(似)大地水准面的理论也在不断发展,在经典的边值问题 Stokes 理论和 Molodensky 理论的基础上,GPS/重力边值问题理论也有新的发展。

超高阶地球重力场模型也不断推出。2008 年 4 月,美国国家地理空间情报局在充分利用最新数据的基础上研制并发布了新一代地球重力场模型——EGM 2008 地球重力场模型(阶次分别为2190,2159)。模型的空间分辨率约为9km,无论在精度方面还是分辨率方面均取得了巨大的进步,为区域似大地水准面的精化提供了牢固的中、长波框架,并提供部分短波信息。虽然最近十几年随着卫星重力探测技术的发展,地球重力场信息较之以前更为丰富,但在局部重力场逼近方面,仍然存在全球重力观测数据的精度和分辨率有待提高的现实问题。

1.3 卫星重力探测技术的发展

随着卫星 CHAMP、GRACE 和 GOCE 等卫星重力任务的实施,卫星轨道跟踪、卫星重力梯度测量和卫星测高技术等现代重力场探测技术的不断发展和应用,地球重力场信息的精度和分辨率出现了质的飞跃,CHAMP 卫星主要优势在于确定地球重力场的长波和部分中波信息;GRACE 卫星轨道信息中包含丰富的地球重力场中长波分量,GOCE 卫星通过星载的重力梯度仪来测定空间 3 个方向的重力梯度,有助于更好探测地球重力场的中短波信息。

1.3.1 CHAMP 重力卫星

CHAMP(Challenging Mini-Satellite Payload)卫星是由德国地球科学中心(GeoForschung-sZentrum,简称 GFZ)研制的首次采用卫-卫跟踪技术(HL-SST)的重力卫星,于 2000 年 7 月 15 日成功发射。CHAMP 卫星是一颗低轨道、近极卫星,低轨道保证了它对地球重力场有高的敏感性,而近极轨道可以对全球进行连续的覆盖扫描。CHAMP 卫星在地球重力学研究方面的主要目的是确定全球中、长波长静态重力场及其时变。CHAMP 卫星重力探测如图 1-2 所示。CHAMP 卫星上搭载有两个重要设备,星载双频 GPS 接收机和放置于整个卫星系统重心处的三轴加速度计,其中星载双频 GPS 接收机接收高轨 GPS 卫星信号用于精密地确定 CHAMP 卫星的轨道;放置于整个卫星系统重心处的三轴加速度计,用以直接测定卫星的非保守力摄动。CHAMP 卫星反演地球重力场的空间分辨率可达到 500km,即 1000km 波长以上中波长大地水准面测定精度可达到 1cm。

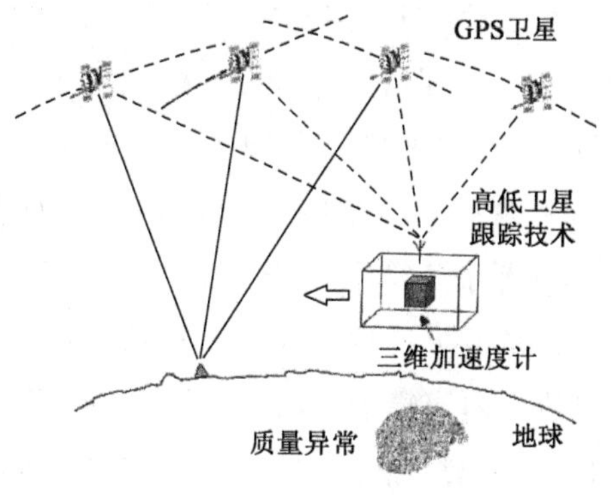

图 1-2 CHAMP 重力探测示意图

1.3.2 GRACE 重力卫星

GRACE(Gravity Recovery and Climate Experiment)卫星是美国宇航局(National Aeronautics and Space Administration,简称 NASA)和欧洲联合研制的重力卫星,重要科学目标是提供高精度和高空间分辨率的静态及时变地球重力场,是两颗卫星的组合,于 2002 年 3 月成功发射。GRACE 卫星采用低-低卫星跟踪(LL-SST)技术,即在同一轨道上发射两颗相距约 220km 的低轨道卫星,卫星轨道高度在 300 ~ 480km 之间。GRACE 卫星的主要星载设备有 GPS 接收机、加速度计和高精度的微波测量装置。GPS 接收机用于卫星的精密轨道确定,加速度计用于测定卫星受到的非保守力,微波测量装置测定两卫星间的距离和距离变率,即 LL-SST 观测值。通过 LL-SST 观测值可以探测出重力场的变化信息。其反演地球重力场的精度较 CHAMP 卫星有很大提高。GRACE 卫星数据反映的大地水准面的变化为地球物理、海洋科学和大地测量等学科研究提供重要的基础数据。GRACE 卫星重力探测如图 1-3 所示。

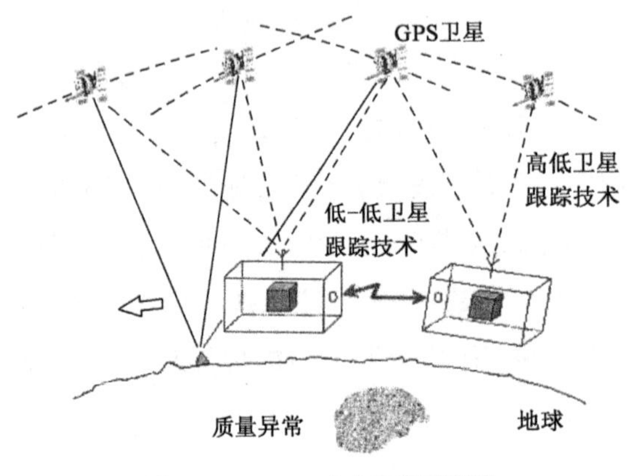

图 1-3 GRACE 重力探测示意图

美国的 CSR(Center for Space Research of the University Texas in Austin)及德国的 GFZ(GeoForschungsZentrum)是最早获得 GRACE 地球重力场的研究机构,其中 CSR 发布了第一个 GRACE 地球重力场模型 GGM01,该模型在半波长为 300km 尺度上,确定大地水准面精度约为 0.02m;德国 GFZ 早期也发布与 GGM01 模型精度相近的 GRACE 地球重力场模型——EIGEN-GRACE01S。这两种模型都没有采用地面、海洋、航空重力测量数据及其他卫星跟踪资料,但中长波部分精度却有明显的提高,证实了 GRACE 实现其预期科学目标的可行性,随着 GRACE 卫星观测资料的日益增多,处理卫星资料方法的进一步完善,国际上一些研究机构又推出了一系列更高精度的 GRACE 产品,例如 EIGEN-GRACE02S 是 GFZ 在 2004 年的产品,在半波长为 1000km 的空间分辨率上,确定的大地水准面精度好于 0.001m,而且此模型计算的海洋重力异常能和重力异常数据(NIMA 数据)符合得很好。

2004 年 8 月底,GRACE 资料全球公开,极大地推动了 GRACE 卫星观测资料的研究,其主要研究内容集中在以下几方面:利用 GRACE 资料确定高精度地球重力场,研究大地水准面和重力异常,利用 GRACE 时变重力场研究地球表面流体质量的季节性分布变化,特别是全球水质量分布变化。

1.3.3 GOCE 重力卫星

GOCE(Gravity Field and Steady-State Ocean Circulation)卫星是欧洲空间局经过十多年研究确定的探测高精度、高分辨率地球重力场的研究计划,在2009年3月发射。GOCE卫星搭载的主要设备有GPS/GLONASS组合接收机、三轴重力梯度仪以及姿态控制系统。GOCE卫星的飞行高度约为260km,轨道倾角为96.5°,该轨道的优点是太阳的光照总是在同一个方向,缺点是测不到极点地区附近的数据,该部分的数据缺口由CHAMP或GRACE卫星的数据补充,也可以用极点地区的航空重力数据补充。GOCE重力探测如图1-4所示。

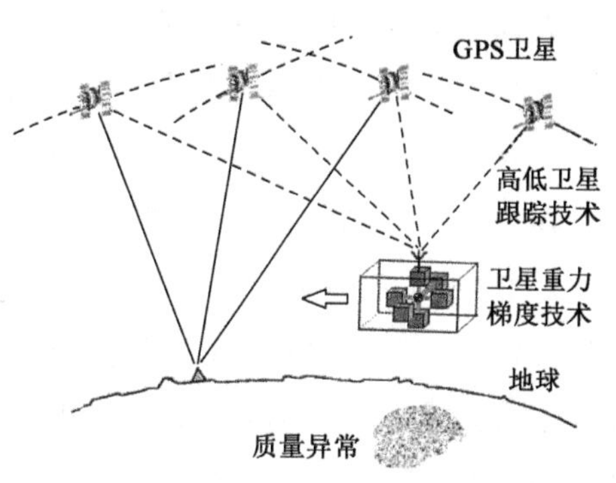

图1-4 GOCE重力探测示意图

GPS/GLONASS组合接收机的卫星轨道跟踪数据提供低频部分的重力场观测值,重力梯度仪测量中高频的重力场数据,GOCE卫星的数据可计算直至200阶的重力场模型,相应的分辨率为100km,重力异常的精度优于2mgal,大地水准面的精度优于5cm。2013年11月11日,GOCE卫星完成使命且燃料耗尽,卫星的碎片坠入南大西洋。以安全方式返回地球,堪称完美收场。

CHAMP卫星、GRACE卫星、COCE卫星计划是卫星重力研究计划的一个整体系列,它们彼此互补并具有不同的科学应用。

在卫星重力信息应用方面,利用重力卫星星历信息恢复地球重力场是主要的研究方向,国内学者周旭华、钟敏等利用卫星重力信息计算的地球重力场系数的短周期变化,获得地球大气、陆地水储量及海水质量迁移等季节变化情况。

1.4 多源区域重力信息融合技术

目前在地球重力测量领域已经形成了陆地、海洋、航空、卫星等全方位的测量体系,局部重力场信息日益丰富和多源化,如何从理论上有效地配置不同类型的观测数据,在融合过程中消除数据间的矛盾和差异,从而获得可靠、统一的高程异常起伏数据,一直是物理大地测量学者感兴趣的课题。测绘界学者在大地测量数据融合方面提出过许多有效的方法,包括最小二乘配置法、最小二乘谱组合法等方法。随着计算技术的进步,神经网络技术在测绘学科的应用方面也有诸多进展,以BP神经网络为代表的人工智能方法基于经验积累,具有较强自学能力、高容错能力和复杂映射能力,为解决复杂的非线性、不确定系统问题开辟了新途径，并被广泛应用到测绘学科的多个领域。东南大学胡伍生教授潜心研究神经网络技术，利用神经网络方法构造了一个独特的模型，将此模型命名为“神经网络 H-BP 算法”，该算法已在电离层模型构建、对流层水汽含量预测和(似)大地水准面拟合等方面得到有效应用。

人工神经网络模型是生物神经系统简化后的近似，属于自适应非线性动力学系统，它具有学习、记忆、计算和各种智能处理功能。神经网络适于从环境信息复杂、背景知识模糊、推理规则不明确的非线性空间系统中挖掘分类知识，因此，神经网络技术将在多源数据融合中发挥极其重要的作用。重力卫星观测数据包含了丰富的似大地水准面起伏信息，GPS/水准和高分辨率数字高程模型也为精化似大地水准面提供了丰富的数据源。有效融合多源数据中的有效信息，建立高精度、高分辨率的区域似大地水准面模型应该是一个新的发展方向。

在局部重力场信息融合方面，神经网络技术也有其独特的优势，本书作者初步利用神经网络对 GRACE 卫星不同时期的重力场模型进行信息融合结果，获得的融合似大地水准面精度统计精度比单个时期的模型似大地水准面提高近 50%，说明通过神经网络技术进行重力信息融合是有效的。但在卫星重力信息融合的具体应用中，神经网络技术在理论、模型、算法、应用和实现等方面还有许多问题有待探索和研究。例如，神经网络 BP 算法存在局部极小值、收敛速度慢、计算结果不稳定等问题。

综上所述，在当今 GPS 定位时代，精化区域似大地水准面和建立新一代传统的国家或区域高程控制网同等重要，也是建立现代高程基准的主要任务。精化区域似大地水准面需要的地球重力信息可由卫星重力探测等技术进行补充，多源局部重力信息融合方法用于精化似大地水准面，用于高精度 GPS 高程测量，代替低等级水准测量在工程应用中有重要价值。

第2章　GPS测量基本原理

2.1　GPS系统组成

全球定位系统GPS由美国研制，从20世纪70年代开始，历时20年，耗资300亿美元，于1994年全面建成，是具有在海陆空进行全方位实时三维导航与定位能力的新一代卫星导航与定位系统。GPS系统可以保证在任意时刻、地球上任意一点都可以通过接收到的卫星信号计算出经纬度和高度，以便实现导航、定位、授时等功能。GPS系统由三部分组成：GPS卫星星座（空间部分），地面监控系统（控制部分），GPS信号接收机（用户部分）。GPS卫星系统组成如图2-1所示。

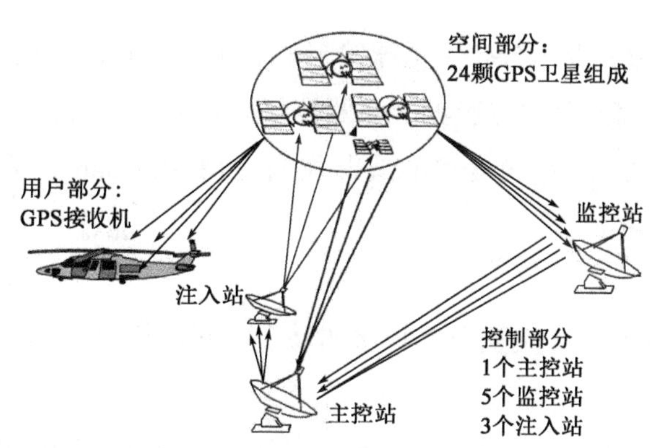

图2-1　GPS卫星系统组成

2.1.1　空间部分

GPS系统的空间部分是由24颗工作卫星组成，实际上现在可用卫星约30颗；GPS卫星位于距地球表面约20200km的轨道上，空间卫星均匀分布在6个轨道面上（每个轨道面约4颗卫星），卫星的轨道倾角为55°，卫星运行周期为12恒星时。卫星的分布使得在全球任何地方、任何时间都可观测到4颗以上的卫星，并能保持良好定位解算精度的几何图形。GPS系统的空间部分如图2-2所示。

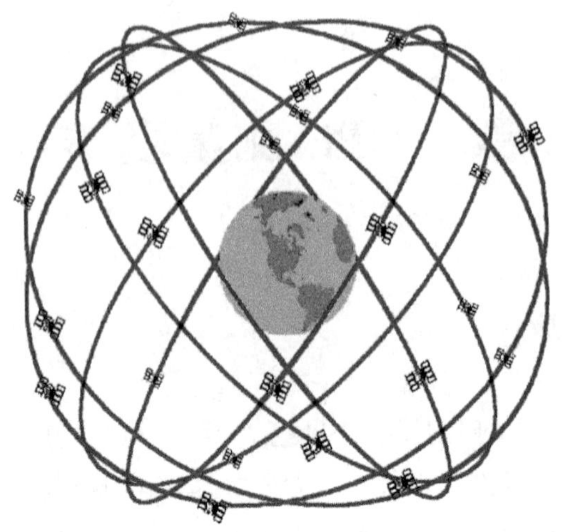

图 2-2　GPS 系统的空间部分

2.1.2　控制部分

GPS 的地面控制部分主要由分布于全球的 5 个地面站构成，其中包括主控站、卫星监测站和信息注入站，5 个地面站分别位于美国科罗拉多（Colorado）、美国夏威夷（Hawaii）、南大西洋的阿松森群岛（Ascension）、印度洋的迪戈加西亚（Diego Garcia）和南太平洋的夸贾林（Kwajalein）。

1）主控站

主控站只有一个，设在位于美国科罗拉多的联合空间执行中心，主控站是整个 GPS 系统的“中枢系统”。其主要作用包括：

（1）根据本站和其他监测站的所有观测数据，推算各卫星的星历、卫星钟差、大气改正等参数，并把这些数据传送到注入站。

（2）提供全球定位系统的时间基准。校准各监测站和 GPS 卫星的原子钟，所得误差编入导航电文再送到注入站。

（3）甄别偏离轨道的 GPS 卫星，发出指令使其沿预定轨道运行。

（4）判断卫星工作状态，启用备用卫星代替失效的卫星。

2）监测站

5 个地面站都有监测站的功能，它们是主控站控制下的数据自动采集中心。其主要作用是对 GPS 卫星数据和当地的环境数据进行采集、存储并传送给主控站。站内配备有 GPS

双频接收机、高精度原子钟、计算机和若干环境参数传感器。接收机用来采集GPS卫星数据、监测卫星工作状况；原子钟提供时间标准；环境参数传感器则收集当地有关的气象数据。所有数据经计算机初步处理后存储并传送给主控站，再由主控站做进一步的数据处理。

3）注入站

三个注入站分别设在南大西洋的阿森松群岛，印度洋的迪戈加西亚和南太平洋的夸贾林三个美国空军基地；注入站的主要设备包括一个大型天线、一台C波段发射机和计算机。它的主要作用就是将主控站推算的卫星星历、导航电文、钟差和其他控制指令，以一定的格式注入相应卫星的存储系统，并监测注入信息的准确性。

监测站将取得的卫星观测数据，包括电离层和气象数据，经过初步处理后，传送到主控站。主控站从各监测站收集跟踪数据，计算出卫星的轨道参数和时钟参数，然后将计算结果送到3个地面控制站。地面控制站在每颗卫星运行至上空时，把这些导航数据及主控站指令注入卫星。这种注入采取每颗GPS卫星每天一次的方式，并在卫星离开注入站作用范围之前进行最后的注入。如果某地面站发生故障，那么在卫星中预存的导航信息还可用一段时间，但导航精度会逐渐降低。

2.1.3　用户部分

用户部分即GPS信号接收机。其主要功能是能够捕获到按一定卫星截止角所选择的待测卫星，并跟踪这些卫星的运行。当接收机捕获到跟踪的卫星信号后，即可测量出接收天线至卫星的伪距和距离的变化率，解调出卫星轨道参数等数据。根据这些数据，接收机中的微处理计算机就可按定位解算方法进行定位计算，计算出用户所在地理位置的经纬度、高度、速度、时间等信息。接收机硬件和机内软件以及GPS数据的后处理软件包构成完整的GPS用户部分。图2-3为GPS接收机外观。

a)　　b)

图2-3　GPS接收机外观

2.2 GPS 卫星轨道理论

2.2.1 GPS 卫星摄动力

GPS 卫星的星历是描述卫星运行及其轨道的参数,它的主要作用是利用 GPS 系统进行导航定位时,计算卫星在空间的瞬时位置。研究 GPS 卫星在协议地球坐标系中的瞬时位置的理论,就是 GPS 卫星的轨道运动理论。

GPS 地球卫星在空间绕地球运行,除受地球引力作用外,还受到日、月和其他天体的引力作用,以及太阳光压、大气阻力和地球潮汐力等因素的影响。各种作用力中,地球引力是主要的作用力,其他作用力的影响相对要小得多,如果将地球引力视为 1,则其他作用力的影响比之地球引力均小于 10^{-5}量级。在多种作用力的影响下,卫星的实际轨道变得非常复杂,有不确定性,无法用简单而精确的数学模型描述。

为了研究 GPS 卫星运动规律,可将卫星受到的作用力分为两类,第一类是地球质心引力,即将地球看作是密度均匀的圆球产生的引力,地球质心引力对球外一点的引力等效于质量集中于球心的质点所产生的引力,这种引力称之为中心力,中心力决定卫星运动的基本规律和特征。除地球质心引力外作用于卫星的其他各种力均称为摄动力,摄动力包括地球非球形对称的作用力,日、月和其他天体的引力影响,以及太阳光压、大气阻力和地球潮汐力等。摄动力的作用使卫星的运动产生小的附加变化。中心力作用下的卫星轨道称为无摄轨道;摄动力的作用下卫星的运动称为受摄运动,轨道称为受摄轨道。由于摄动力影响较小,分析卫星轨道可分两步:第一步研究无摄轨道,描述卫星轨道的基本特征;第二步研究摄动力的影响,对无摄轨道加以修正,确定卫星轨道的瞬时特征。

2.2.2 GPS 卫星的无摄运动

如果地球重力场是球形对称的,且地球中心力是作用于卫星的唯一的力,进一步说,就是假设不考虑其他摄动力的影响,卫星 S 绕地球 O 的运动是二体问题。设 M 和 m 分别为地球和卫星的质量,$\boldsymbol{r}=\overline{OS}$为卫星的位置矢量。在二体问题中,根据万有引力定律,卫星 S 和地球 O 两个质点均受到万有引力的作用,它们大小相等,方向相反。分别以 $\boldsymbol{F}_s$ 和 $\boldsymbol{F}_e$ 表示卫星和地球受到的引力作用力,则有:

$$\begin{cases} \boldsymbol{F}_s = -\dfrac{GMm}{r^2}\cdot \boldsymbol{r}^0 \\ \boldsymbol{F}_e = +\dfrac{GMm}{r^2}\cdot \boldsymbol{r}^0 \end{cases} \tag{2-1}$$

式中，G 为万有引力常数；$\boldsymbol{r}^0$ 为沿向径方向的单位矢量；卫星 S 和地球 O 在万有引力作用下所产生的加速度 $\boldsymbol{a}_s$ 和 $\boldsymbol{a}_e$ 为：

$$\begin{cases} \boldsymbol{a}_s = -\dfrac{GM}{r^2} \cdot \boldsymbol{r}^0 \\ \boldsymbol{a}_e = +\dfrac{Gm}{r^2} \cdot \boldsymbol{r}^0 \end{cases} \tag{2-2}$$

因为牛顿第二定律只适用于惯性坐标系，所以式(2-2)为卫星 S 和地球 O 在某一惯性坐标系内的运动方程，若要讨论卫星 S 相对于地球质心 O 的运动，必须将坐标系原点移至地球质心。设 $\boldsymbol{a}$ 为卫星 S 相对于地球质心 O 的加速度，则：

$$\boldsymbol{a} = \boldsymbol{a}_s - \boldsymbol{a}_e = -\frac{G(M+m)}{r^2} \cdot \boldsymbol{r}^0 \tag{2-3}$$

式(2-3)即为卫星 S 相对于地球质心 O 的运动方程。在讨论卫星相对于地球运动这样的二体问题时，由于地球质量远远大于卫星质量，通常略去卫星质量 m，式(2-3)可写为：

$$\boldsymbol{a} = -\frac{GM}{r^2} \cdot \boldsymbol{r}^0 \tag{2-4}$$

取 $\mu = GM$ 为地球引力常数，为计算方便，选取地球赤道半径为长度单位，时间单位取为806.81166s，地球引力常数 $\mu = 1$，这样的单位称为人工单位，以人工单位表示的卫星运动方程为：

$$\boldsymbol{a} = -\frac{1}{r^2} \cdot \boldsymbol{r}^0 \tag{2-5}$$

设以地球质心 O 为原点的空间直角坐标系 $O\text{-}XYZ$，卫星在该坐标系中的坐标为(X_s, Y_s, Z_s)，则卫星的地心向径为 $\boldsymbol{r} = (X_s, Y_s, Z_s)$，加速度为 $\boldsymbol{a} = (\ddot{X}_s, \ddot{Y}_s, \ddot{Z}_s)$，代入式(2-5)可得：

$$\begin{cases} |\ddot{X}_s| = -\mu X/r^3 \\ |\ddot{Y}_s| = -\mu Y/r^3 \\ |\ddot{Z}_s| = -\mu Z/r^3 \end{cases} \tag{2-6}$$

式中，$r = \sqrt{X_s^2 + Y_s^2 + Z_s^2}$。

式(2-6)就是卫星大地测量中常用的在地心直角坐标系中二体问题分量形式的微分方程，它是包含三个二阶非线性常微分方程的方程组。解这个微分方程组必须找出六个相互独立的积分常数，这六个积分常数即描述卫星轨道的六个轨道参数。最常用的一组轨道六参数为轨道的半长轴 a、轨道的偏心率 e、轨道面相对于赤道面的倾角 i、升交点赤经 Ω、近地点角距 ω 和卫星在参考时刻 t_0 时的真近点角 f_0。一组轨道参数如图2-4所示。

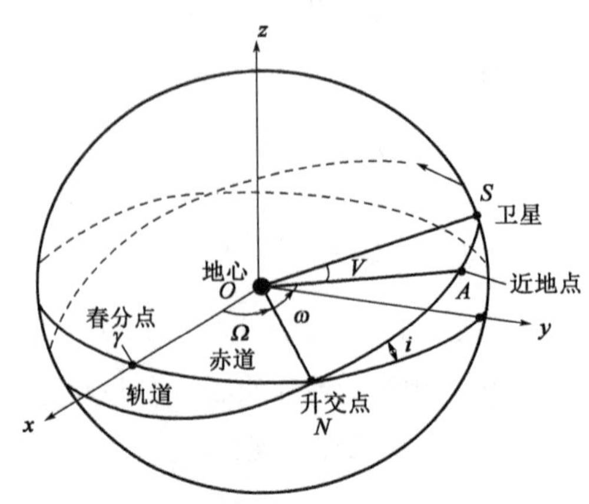

图2-4 卫星轨道参数的几何意义

图中,升交点赤经 Ω 是在地球赤道平面上,升交点 N(在卫星从南半球到北半球穿过赤道的交点)与春分点之间的地心夹角;轨道倾角 i 为卫星轨道平面相对于赤道面的倾角;近地点角距 ω 是在轨道面上近地点沿着卫星运行的方向与升交点之间的夹角;真近点角 f_0 定义卫星相对于近地点的位置。

在上述6参数中,轨道的半长轴 a 和轨道的偏心率 e 确定了椭圆的大小和形状;升交点赤经 Ω 和轨道倾角 i 唯一确定卫星轨道平面与地球体之间的相对定向;近地点角距 ω 定义椭圆的方向(近地点的位置);真近点角 f_0 表达卫星在轨道中的位置。升交点赤经 Ω、轨道倾角 i、近地点角距 ω 和真近点角 f_0 四个轨道参数的几何意义如图2-4所示。

2.2.3 GPS卫星的受摄运动

利用GPS卫星进行定位首先需要确定卫星的在轨位置,对于GPS精密定位来说,只考虑地球质心引力(二体问题)的情况下计算的卫星的运动状态是不能满足精度要求的。在确定卫星轨道的时候,必须考虑地球引力场摄动力、日月摄动力、大气阻力、光压力和潮汐摄动力等对卫星轨道的影响。考虑了摄动力作用的卫星运动称为卫星的受摄运动。在考虑摄动力作用后,卫星的受摄运动轨道不再保持为常数,而是随时间变化的轨道参数。卫星运动的真实轨道称为摄动轨道或瞬时轨道,瞬时轨道不再是椭圆,轨道平面在空间的方向也是不断变化的。

1)地球非球形对称的作用力

地球非球形对称的作用力称为地球引力场摄动力,地球引力场摄动力是由于地球形状不规则及其质量不均匀而引起的摄动力。地球引力场摄动力是一种保守力,可以建立位函数表示地球外部空间质点所受的引力场摄动力,由于地球形状很不规则,其内部质量分布也不均匀，摄动位函数不能用一个简单的封闭公式表示，可用无穷级数（球谐函数展开式）表示。略去10^{-6}及更小量级的地球引力场摄动力的位函数可写为：

$$R = \frac{-J_2[(0.5 - 0.75\sin^2 i) + 0.75\sin^2 i\sin 2(\omega + v)]}{r^3} \tag{2-7}$$

式中，J_2 是地球引力场位函数的二阶带谐系数；i 和 ω 为卫星轨道六参数的轨道倾角和近地点角距；v 为真近点角；r 为卫星矢径。

地球引力场摄动力约为地球中心引力的10^{-3}量级。

2）日、月引力

卫星和地球同时受到日、月的引力，日、月引力造成卫星相对于地球的摄动力可表示为：

$$\boldsymbol{F}_{\mathrm{s}} + \boldsymbol{F}_{\mathrm{m}} = GM_{\mathrm{s}}\left[\frac{\boldsymbol{r}_{\mathrm{s}} - \boldsymbol{r}}{|\boldsymbol{r}_{\mathrm{s}} - \boldsymbol{r}|^3} - \frac{\boldsymbol{r}_{\mathrm{s}}}{|\boldsymbol{r}|^3}\right] + GM_{\mathrm{m}}\left[\frac{\boldsymbol{r}_{\mathrm{m}} - \boldsymbol{r}}{|\boldsymbol{r}_{\mathrm{m}} - \boldsymbol{r}|^3} - \frac{\boldsymbol{r}_{\mathrm{m}}}{|\boldsymbol{r}|^3}\right] \tag{2-8}$$

式中，M_{s}、M_{m}分别表示太阳与月球的质量；$\boldsymbol{r}_{\mathrm{s}}$、$\boldsymbol{r}_{\mathrm{m}}$与 $\boldsymbol{r}$ 分别表示太阳、月球和卫星的位置矢量。

日、月引力的量级约为$5\times10^{-6}\mathrm{m/s^2}$，在五天弧段对卫星位置的影响可达1～3km。这意味着需要以$10^{-4}\sim10^{-5}$的相对精度确定这些引力，即精确至$10^{-10}\mathrm{m/s^2}$。对于太阳、月亮位置的计算应按这一相对精度要求。

3）太阳辐射压力

卫星在运动中受到的太阳光辐射的压力 $\boldsymbol{F}_{\mathrm{p}}$ 为：

$$\boldsymbol{F}_{\mathrm{p}} = -K\rho_{\mathrm{p}}S\boldsymbol{r}_{\mathrm{s}}^0 \tag{2-9}$$

式中，K 为卫星表面反射系数；ρ_{p} 为光压强度，S 为垂直于太阳光线的卫星截面积；$\boldsymbol{r}_{\mathrm{s}}^0$ 为太阳在坐标系中的位置单位矢量。

对于GPS卫星五天弧段，太阳辐射压力可使卫星位置的偏差达到1km。当卫星运行至地影区域内，由于地球的遮挡，卫星不受太阳辐射压力的影响。

4）地球潮汐作用力

日、月引力作用于地球，使之产生形变（固体潮）或质量移动（海潮），从而引起地球质量分布的变化，这一变化将引起地球引力的变化。可以将这一变化视为在不变的地球引力中附加一个小的摄动力——潮汐作用力。在五天的弧段中潮汐作用力对GPS卫星位置的影响可达1m。

5）大气阻力

大气阻力对低轨道的卫星影响较大。但在GPS卫星的高度上（约20200km），大气阻力已微不足道，可不考虑。

GPS 卫星所受的摄动力中，地球引力场摄动力最大，约为 10^{-3} 量级，其他摄动力大多小于或接近于 10^{-6} 量级。这些摄动力使卫星位置的发生变化，引起轨道参数的不断变化。例如，考虑地球引力场摄动力中 J_2 项的影响，使轨道参数 Ω 不断减小，即轨道平面不断西退，这种现象称为轨道面的进动。

6）卫星受摄运动方程

将摄动力所产生的加速度分解为相互垂直的三个分量 $\boldsymbol{S}$、$\boldsymbol{T}$、$\boldsymbol{W}$。$\boldsymbol{S}$ 为沿卫星矢径方向的分量，$\boldsymbol{T}$ 为在轨道平面上垂直于矢径方向并指向卫星运动方向的分量，$\boldsymbol{W}$ 为沿轨道平面法线并按 $\boldsymbol{S}$、$\boldsymbol{T}$、$\boldsymbol{W}$ 组成右手坐标系方向的分量。表达轨道参数随时间变化的牛顿受摄运动方程为：

$$
\begin{cases}
\dfrac{\mathrm{d}a}{\mathrm{d}t} = \dfrac{2}{n\sqrt{1-e^2}}\left[e\sin V\cdot \boldsymbol{S} + (1+e\cos V)\boldsymbol{T}\right] \\
\dfrac{\mathrm{d}e}{\mathrm{d}t} = \dfrac{\sqrt{1-e^2}}{na}\left[\sin V\cdot \boldsymbol{S} + (\cos E+\cos V)\boldsymbol{T}\right] \\
\dfrac{\mathrm{d}i}{\mathrm{d}t} = \dfrac{r\cos(\omega+V)}{na^2\sqrt{1-e^2}}\boldsymbol{W} \\
\dfrac{\mathrm{d}\Omega}{\mathrm{d}t} = \dfrac{r\cos(\omega+V)}{na^2\sqrt{1-e^2}\sin i}\boldsymbol{W} \\
\dfrac{\mathrm{d}\omega}{\mathrm{d}t} = \dfrac{\sqrt{1-e^2}}{nae}\left[-\cos V\cdot \boldsymbol{S} + \left(l+\dfrac{r}{p}\sin V\cdot \boldsymbol{T}\right)\right] - \cos i\cdot\dfrac{\mathrm{d}\Omega}{\mathrm{d}t} \\
\dfrac{\mathrm{d}M}{\mathrm{d}t} = n - \dfrac{1-e^2}{nae}\left[-\left(\cos V - 2e\dfrac{r}{p}\right)\boldsymbol{S} + \left(1+\dfrac{r}{p}\right)\sin V\cdot \boldsymbol{T}\right]
\end{cases}
\tag{2-10}
$$

通过解算卫星受摄运动的微分方程，可以得到卫星轨道参数的变率，从而求得任一时刻的轨道参数，这样，根据二体问题的运动方程和卫星受摄运动方程就可求得任一时刻的卫星位置和速度。

2.3 GPS 卫星星历

2.3.1 GPS 广播星历

卫星星历是描述卫星运动轨道的信息，有了卫星星历就可以计算出任意时刻的卫星位置和速度，利用 GPS 系统进行导航定位，需要卫星星历数据。实时导航和定位需要预报轨道，即广播星历。当要求较高的定位精度时，必须确定 GPS 卫星精密轨道。

在主控站的遥控下，每个 GPS 地面监测站均用 GPS 信号接收机对每颗可见卫星每 6min

进行一次伪距测量和积分多普勒测量，采集气象要素等数据，并进行各项改正，每15min平滑一次观测数据，以此推算出每2min间隔的观测值，然后将数据发送到主控站。主控站收集、处理本站和监测站的所有数据，编算出每颗卫星的星历和GPS时间系统，将预测的卫星星历、钟差、状态数据以及大气传播改正编制成导航电文传送到注入站，注入站再将发来的导航电文注入相应卫星的存储器，每天注入3次。因此，接收机收到的导航电文是地面监测系统、主控站和注入站合作提供的。

导航电文主要包括卫星星历、卫星时钟改正、电离层时延改正、工作状态信息以及C/A码转换到捕获P码的信息。GPS的广播星历包括开普勒6参数，摄动轨道9参数和两个时间参数。各参数含义如图2-5所示。

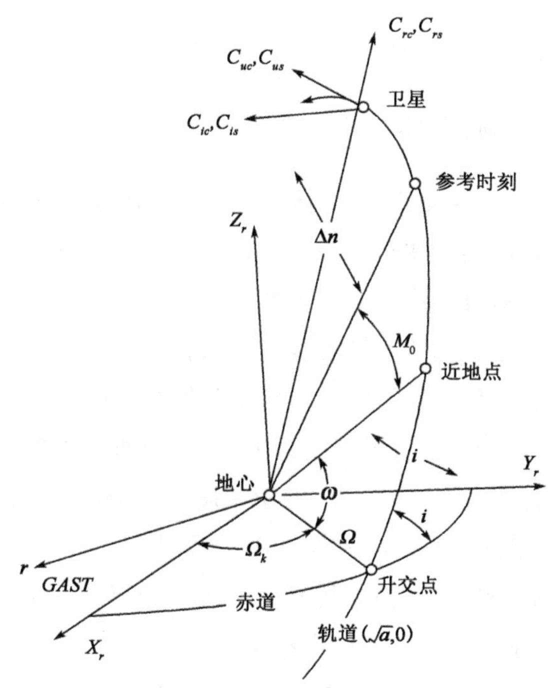

图2-5　GPS卫星轨道参数

（1）轨道6参数

$\sqrt{a}$、e、i_0、Ω_0、ω、M_0，这6个参数其实就是星历参考时刻t_{oe}的密切轨道根数，是修正的开普勒轨道参数。如图2-5所示，升交点赤经Ω_0和升交点经度Ω之间有：

$$\Omega = \Omega_0 - GAST \tag{2-11}$$

式中，$GAST$为格林尼治视恒星时（春分点和格林尼治起始子午线之间的角距）。

这样做的目的是可以在计算卫星位置时直接将卫星的轨道坐标转换到地固坐标中，而不需要转换到惯性坐标系中。

(2)摄动9参数

Δn、$\dot{\Omega}$、$\dot{i}$、C_{us}、C_{uc}、C_{is}、C_{ic}、C_{rs}、C_{rc}，其中，Δn 为平均角速度变化量；$\dot{\Omega}$ 为升交点经度变化率；$\dot{i}$ 为轨道倾角变化率；C_{us}为升交点角距的正弦调和项改正的振幅；C_{uc}为升交点角距的余弦调和项改正的振幅；C_{is}为轨道倾角的正弦调和项改正的振幅；C_{ic}为轨道倾角的余弦调和项改正的振幅；C_{rs}为轨道向径的正弦调和项改正的振幅；C_{rc}为轨道向径的余弦调和项改正的振幅。

(3)时间2参数

t_{oe}、$AODE$，其中 t_{oe}为星历参考时刻；$AODE$ 是星历表的数据龄期，有：

$$AODE = t_{oe} - t_l \tag{2-12}$$

式中，t_l 为预报星历测量的最后观测时刻。

因此，$AODE$ 就是预报星历的外推时间长度。

2.3.2 RINEX 导航文件

GPS 数据处理软件一般为各设备制造商开发，最初各设备制造商推出 GPS 数据处理程序仅可处理本公司的仪器设备获得的 GPS 观测数据，如果这些程序要处理来自其他品牌接收机的数据，必须先将原始接收机信息转换成本地定义和格式。为了方便这个任务，设计了一种 GPS 观测数据交换的格式，这个格式不仅允许将任何接收机的原始数据转换成这种格式，而且允许将任何接收机的原始数据转换成某种定义的观测值。

瑞士伯尔尼大学的天文研究所开发了这样的格式，即所有数据处理软件都能认可的数据格式，这就是 RINEX 格式。1989 年 3 月，在第 5 届关于卫星定位的国际大地测量研讨会上，该格式被提交给大地测量委员会，在会上被推荐为大地测量 GPS 数据交换的格式。RINEX 格式的第二版是在 1990 年 9 月在加拿大的渥太华召开的第 2 届全球定位系统精密定位国际研讨会上讨论并通过的。为了允许包含 GLONASS 和混合 GPS/GLONASS 数据，在 1997 年 4 月，RINEX 的定义被扩展(RINEX2.1)。格式的描述公布在 CSTG GPS Bulletins May/June 1989 和 September/October 1990 上。

RINEX 导航信息文件包含所有在观测时间内收集到的卫星的预报信息。导航电文的时间系统是 GPS 时间系统，坐标系统是 WGS-84 坐标框架。图 2-6 是 RINEX 格式 GPS 导航电文的例子。

导航电文由两部分组成，第一部分是文件头，文件头给出格式版本号、文件类型、观测数据所属卫星系统、创建数据文件的信息和接收机信息等。第二部分才是数据记录，数据记录给出卫星的星历等信息，在数据处理时要从导航电文中提取需要的信息。文件头的格式描述见表 2-1，数据记录格式见表 2-2。

```
     2.10           NAVIGATION DATA     G (GPS)             RINEX VERSION / TYPE
DAT2RINW 3.10 001    MXT              07DEC11 22:50:19      PGM / RUN BY / DATE
                                                            COMMENT
    .2328D-07  -.7451D-08  -.1192D-06   .1788D-06           ION ALPHA
    .1352D+06  -.1311D+06   .6554D+05  -.2621D+06           ION BETA
   -.186264514923D-08 -.621724893790D-14   147456     1664 DELTA-UTC: A0,A1,T,W
    15                                                      LEAP SECONDS
                                                            END OF HEADER
 2 11 11 26  6  0  0.0 .367396511137D-03  .181898940355D-11  .000000000000D+00
    .800000000000D+02 -.209687500000D+02  .531486424257D-08 -.223759979866D+01
   -.106357038021D-05  .106404460967D-01  .578351318836D-05  .515359223938D+04
    .540000000000D+06 -.335276126862D-07  .213588700182D+01 -.158324837685D-06
    .938426126838D+00  .255625000000D+03 -.291104577148D+01 -.824320050525D-08
   -.265725354242D-09  .100000000000D+01  .166300000000D+04  .000000000000D+00
    .240000000000D+01  .000000000000D+00 -.176951289177D-07  .800000000000D+02
    .533172000000D+06  .400000000000D+01
 2 11 11 26  7 59 44.0 .367409083992D-03  .181898940355D-11  .000000000000D+00
    .130000000000D+02 -.200937500000D+02  .539915346784D-08 -.118975136107D+01
   -.105611979961D-05  .106405116385D-01  .570341944695D-05  .515359112930D+04
    .547184000000D+06  .147148966789D-06  .213582818374D+01 -.247731804848D-06
    .938423990977D+00  .259781250000D+03 -.291099134215D+01 -.829927426951D-08
   -.369658254893D-09  .100000000000D+01  .166300000000D+04  .000000000000D+00
    .240000000000D+01  .000000000000D+00 -.176951289177D-07  .130000000000D+02
    .541458000000D+06  .400000000000D+01
```

图2-6　RINEX格式GPS导航电文示例

GPS导航文件——文件头描述

表2-1

HEADER LABEL(Columns 61-80)	DESCRIPTION	FORMAT
RINEX VERSION / TYPE	-Format version (2.10) -File type ('N' for Navigation data)	F9.2,11X, A1,19X
PGM / RUN BY / DATE	-Name of program creating current file -Name of agency creating current file -Date of file creation	A20, A20, A20,
COMMENT *	Comment line(s)	A60
ION ALPHA *	Ionosphere parameters A0-A3 of almanac (page 18 of subframe 4)	2X,4D12.4
ION BETA *	Ionosphere parameters B0-B3 of almanac	2X,4D12.4
DELTA-UTC: A0,A1,T,W *	Almanac parameters to compute time in UTC (page 18 of subframe 4) A0,A1: terms of polynomial T　: reference time for UTC data W　: UTC reference week number. Continuous number,not mod(1024)!	3X,2D19.12, 2I9
LEAP SECONDS *	Delta time due to leap seconds	I6
END OF HEADER	Last record in the header section.	60X
Records marked with * are optional		

GPS 导航文件——数据记录描述 表 2-2

OBS. RECORD	DESCRIPTION	FORMAT
PRN / EPOCH / SV CLK	-Satellite PRN number -Epoch : Toc-Time of Clock year(2 digits, padded with 0 if necessary) month day hour minute second -SV clock bias (seconds) -SV clock drift (sec/sec) -SV clock drift rate (sec/sec2)	I2, 1X,I2.2, 1X,I2, 1X,I2, 1X,I2, 1X,I2, F5.1, 3D19.12
BROADCAST ORBIT - 1	-IODE Issue of Data, Ephemeris -Crs (meters) -Delta n (radians/sec) -M0 (radians)	3X,4D19.12
BROADCAST ORBIT - 2	-Cuc (radians) -e Eccentricity -Cus (radians) -sqrt(A) (sqrt(m))	3X,4D19.12
BROADCAST ORBIT - 3	-Toe Time of Ephemeris (sec of GPS week) -Cic (radians) -OMEGA (radians) -Cis (radians)	3X,4D19.12
BROADCAST ORBIT - 4	-i0 (radians) -Crc (meters) -omega (radians) -OMEGA DOT (radians/sec)	3X,4D19.12
BROADCAST ORBIT - 5	-IDOT (radians/sec) -Codes on L2 channel -GPS Week # (to go with TOE) Continuous number, not mod(1024)! -L2 P data flag	3X,4D19.12

续上表

OBS. RECORD	DESCRIPTION	FORMAT
BROADCAST ORBIT - 6	-SV accuracy (meters) -SV health (bits 17-22 w 3 sf 1) -TGD (seconds) -IODC Issue of Data, Clock	3X,4D19.12
BROADCAST ORBIT - 7	-Transmission time of message *) (sec of GPS week, derived e. g. from Z-count in Hand Over Word (HOW) - Fit interval (hours) (see ICD-GPS-200, 20.3.4.4) Zero if not known - spare - spare	3X,4D19.12
*) Adjust the Transmission time of message by -604800 to refer to the reported week, if necessary		

2.3.3 利用广播星历计算卫星位置

由于广播轨道是摄动轨道,利用广播星历计算卫星位置要考虑摄动项的影响,计算的结果是在地固坐标系 WGS-84 中,而不是惯性坐标系中。下面列出计算步骤。

1)计算卫星在轨道坐标系中的坐标

①计算 GPS 运行的平均角速度 n,即

$$n = n_0 + \Delta n \tag{2-13}$$

式中,Δn 为表 2-2 中的 Deltan,表示 n 的变化量。而 n_0 为:

$$n_0 = a^{-3/2}\mu^{1/2} \tag{2-14}$$

式中,a 为轨道的长半径,即表 2-2 中的 sqrt(A);$\mu = GM$,是 WGS-84 坐标系的地球引力常数,其值为 $3.986005 \times 10^{14}\mathrm{m}^3/\mathrm{s}^2$。

②计算归化时间 Δt

GPS 卫星导航电文中的预报星历所给出的轨道参数是相对于参考历元 t_{oe} 的,为求得某历元 t 时的轨道参数,必须首先求出该历元 t 相对于参考历元 t_{oe} 的时间差 Δt:

$$\Delta t = t - t_{oe} \tag{2-15}$$

式中,Δt 为归化时间,参考历元 t_{oe} 由星历提供,即表 2-2 中的 Toe Time of Ephemeris,用周积秒表示。所以在计算之前,应该将 t 也转换为周积秒;t 为计算时刻,但是在计算时要考虑星期交叠的开始和结束时间。这就是说,如果 $\Delta t > 302400$,则需从 Δt 中减去 604800;如果 $\Delta t < -302400$,必须加上 604800。

③计算历元 t 的平近点角 M

$$M = M_0 + n\Delta t \tag{2-16}$$

式中，M_0 为参考历元处的平近点角，即表 2-2 中的 M_0。

④计算偏近点角 E

$$E = M + e\sin E \tag{2-17}$$

式中，e 为导航电文给出的轨道偏心率，即表 2-2 中的 e Eccentricity。

由于式(2-17)是超越方程，故要用迭代法计算，E 的初值可用 M 代入。

⑤计算卫星的地心矢径 $\boldsymbol{r}_0$

$$\boldsymbol{r}_0 = a(1 - e\cos E) \tag{2-18}$$

⑥计算真近点角 f

$$\tan\frac{f}{2} = \frac{\sqrt{1+e}}{\sqrt{1-e}}\tan\frac{E}{2} \tag{2-19}$$

⑦计算卫星的升交点角距 u_0，即卫星与升交点之间的地心夹角

$$u_0 = \omega + f \tag{2-20}$$

式中，ω 为近地点的升交点角距，由导航电文提供，即表 2-2 中的 omega。

⑧计算摄动改正项 δ_u，δ_r

$$\begin{cases}\delta_u = C_{uc}\cdot\cos(2u_0) + C_{us}\cdot\sin(2u_0)\\ \delta_r = C_{rc}\cdot\cos(2u_0) + C_{rs}\cdot\sin(2u_0)\end{cases} \tag{2-21}$$

式中，C_{uc} 和 C_{us} 分别为升交点角距的摄动余弦和正弦项，即表 2-2 中的 Cuc 和 Cus；C_{rc} 和 C_{rs} 分别为卫星地心矢径的摄动余弦和正弦项，即表 2-2 中的 Crc 和 Crs。

⑨计算经过摄动改正的卫星升交点角距 u 和卫星矢径 $\boldsymbol{r}$

$$\begin{cases}u = u_0 + \delta_u\\ \boldsymbol{r} = \boldsymbol{r}_0 + \delta_r\end{cases} \tag{2-22}$$

⑩计算卫星在轨道直角坐标系中的坐标

$$\begin{bmatrix}x\\ y\\ z\end{bmatrix}_O = \boldsymbol{r}\begin{bmatrix}\cos u\\ \sin u\\ 0\end{bmatrix} \tag{2-23}$$

轨道坐标系的坐标原点是地心，x 轴指向升交点，z 轴垂直于轨道平面。

2)计算卫星在地球坐标系中的坐标

通过上述计算，求出了卫星在轨道平面内的坐标，再经过两次旋转，才能将其转换成地

球坐标,第一次旋转,绕 x 轴顺时针旋转 i 角;第二次旋转,绕 z 轴顺时针旋转 Ω。由于摄动,要对星历中给出的轨道倾角 i_0 进行改正,同时要计算在 t 时刻的 Ω,于是有:

①计算轨道倾角的摄动改正

$$\delta_i = C_{ic} \cdot \cos(2u_0) + C_{is} \cdot \sin(2u_0) \tag{2-24}$$

式中,C_{ic}和 C_{is}分别为轨道倾角的摄动余弦和正弦项,即表 2-2 中的 Cic 和 Cis。

②计算 t 时刻的轨道倾角

$$i = i_0 + \dot{i}\Delta t + \delta_i \tag{2-25}$$

式中,i_0 为参考时刻 t_{oe}时的轨道面倾角,即表 2-2 中的 i0;$\dot{i}$ 为轨道面倾角的变化率,即表 2-2 中的 IDOT。

③计算 t 时刻的升交点经度

$$\Omega = \Omega_0 + (\dot{\Omega} - \omega_e)\Delta t - \omega_e t_{oe} \tag{2-26}$$

式中,Ω_0 为 t_{oe}时的升交点赤经,即表 2-2 中的 OMEGA;$\dot{\Omega}$ 为升交点赤经变化率,即表 2-2 中的 OMEGA DOT;ω_e 为地球的自转角速度,值为 $7.2921151467 \times 10^{-5}$rad/s。

④计算卫星在 WGS-84 地球坐标系中的坐标

$$\begin{bmatrix} x \\ y \\ z \end{bmatrix}_T = R_3(-\Omega)R_1(-i)\begin{bmatrix} x \\ y \\ z \end{bmatrix}_O \tag{2-27}$$

需要注意的是,在 GPS 预报的导航电文中的星历,其参考位置是卫星天线相位中心,而不是卫星质量中心。

2.3.4 后处理星历

由于 GPS 卫星的预报星历是根据跟踪站前一段时间的观测资料,外推的参考轨道参数,并加入轨道的摄动改正后得到的外推星历。因此,广播星历包含外推误差,其精度必然受到限制,不能满足某些从事精密定位工作的用户要求。

后处理星历是一些国家某些部门,根据各自建立的卫星跟踪站所获得的对 GPS 卫星的精密观测资料,应用与确定广播星历相似的方法来计算卫星星历。它是一种不包含外推误差的实测星历,可为用户提供观测时刻的卫星精密星历,其精度可达厘米级。这种星历不是通过 GPS 卫星的导航电文向用户传递,这种星历用户无法实时通过卫星信号来获得,而是在事后向用户提供。

2.4 GPS卫星信号

卫星原子钟的基准频率$f_0=10.23\text{MHz}$,GPS卫星所有信号均是在该频率的基础上分频或倍频获得。GPS卫星信号是GPS卫星向广大用户发送的用于导航定位的调制波,它包含有载波、测距码(伪随机噪声码)和导航电文(也称数据码、D码)。

2.4.1 两种载波

在无线电通信技术中,为了有效地传播信息,都是将频率较低的信号加载在频率较高的载波上,此过程称为调制。然后载波携带着信号传送出去,到达用户接收机。GPS使用两种载波,L_1载波和L_2载波分别是由卫星原子钟所产生的基准频率f_0倍频154倍和120倍后形成的,L_1载波和L_2载波频率和波长分别为:

L_1载波:$f_{L1}=154\times f_0=1575.42\text{MHz}$,波长$\lambda_1=19.032\text{cm}$;

L_2载波:$f_{L2}=120\times f_0=1227.6\text{MHz}$,波长$\lambda_2=24.42\text{cm}$。

GPS的测距码和导航电文是采用调相技术调制到载波上的,且调制码的幅值只取0或1。当码值取0时,对应的码状态取+1,当码值取1时,对应的码状态取-1,那么载波和相应的码状态相乘后,便实现了载波的调制。当载波和相应的码状态+1相乘时,其相位不变,而当与码状态-1相乘时,其相位改变180°。所以当码值从0变1或从1变为0时,都将使载波相位改变180°。载波信号的相位调制如图2-7所示。选择这两个载频,目的在于组成更多的线性组合观测值,更好地消除由于电离层而引起的延迟误差。

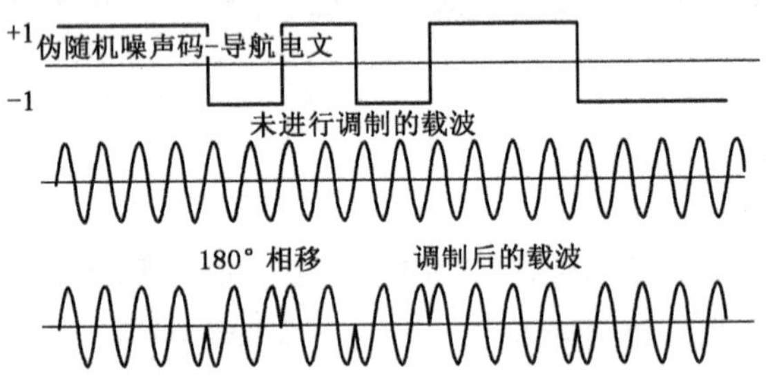

图2-7 GPS卫星载波调制示意图

2.4.2 测距码

GPS卫星的测距码是用于测定从卫星至接收机间的距离的二进制码,从性质上来说,GPS卫星的测距码属于伪随机噪声码,可以复制且具有类似于随机噪声码自相关特性。GPS卫星的测距码包括测距粗码(C/A码)和测距精码(P码)。

1)C/A 码

C/A 码又称为粗捕获码,它被调制在 L1 载波上,是 1.023MHz 的伪随机噪声码(PRN 码),由卫星上的原子钟所产生的基准频率 f_0 降频 10 倍产生,由于每颗卫星的 C/A 码都不一样,因此,我们经常用它们的 PRN 号来区分它们。C/A 码是普通用户用以测定测站到卫星间的距离的一种主要的信号。

C/A 码的码长很短,易于捕获。在 GPS 导航和定位中,为了捕获 C/A 码以测定卫星信号传播的时延,通常需要对 C/A 码逐个进行搜索。因为 C/A 码总共只有 1023 个码元,所以若以每秒 50 码元的速度搜索,只需要约 20.5s 便可达到目的。由于 C/A 码易于捕获,而且通过捕获的 C/A 码所提供的信息,又可以方便地捕获 GPS 的 P 码,所以通常也将 C/A 码称为捕获码。

C/A 码的码元宽度较大。假设两个序列的码元对其误差为码宽的 1/100,则此时相应的测距误差为 2.93m。由于其测距精度较低,所以也将 C/A 码称为粗码。

2)P 码

P 码是卫星的精测码,频率为 10.23MHz。它是由两个伪随机码 PN1(t)和 PN2(t)的乘积得到的。由于 P 码的码元宽度为 C/A 码的 1/10,这时若取码元的对齐精度仍为码元宽度的 l/100,则由此引起的相应距离误差约为 0.29m,仅为 C/A 码的 1/10。所以 P 码可用于较精密的导航和定位,故通常也称之为精码。根据美国国际部规定,P 码是专为军用的。目前只有极少数测地型接收机才能接收 P 码,P 码禁止非特许用户应用。

2.4.3 导航电文

GPS 卫星的导航电文(简称卫星电文,也称数据码)是包含了有关卫星的星历、卫星工作状态、时间系统、卫星钟运行状态、轨道摄动改正、大气折射改正和由 C/A 码捕获码等导航信息的数据码(或 D 码),是用户用来定位和导航的数据基础。

导航电文的基本单位是长 1500bit 的一个主帧,如图 2-8 所示。传输速率是 50bit/s,30s 传送完毕一个主帧。一个主帧包括 5 个子帧,第 1、2、3 子帧每 30s 重复一次,内容每小时更新一次。第 4、5 子帧的全部信息则需要 750s 才能够传送完。即第 4、5 子帧是 12.5min 播完一次,然后再重复进行,其内容仅在卫星注入新的导航数据后才得以更新。

每子帧子页开头是遥测字(Telemetry Word,简称 TLM)和转换字(Handover Word,HOD)。然后是第一数据块、第二数据块等内容。第一数据块包含有关于卫星钟改正参数及其数据龄期、星期的周数编号以及电离层改正参数和卫星工作状态等信息。第二数据块主要向用户提供有关计算卫星运行位置的信息,该数据块一般称为卫星星历,提供了用户利用 GPS 实时导航和定位的基本数据。

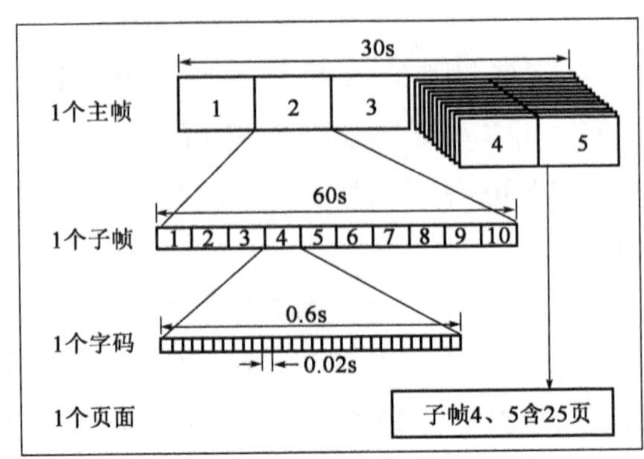

图 2-8 卫星导航电文制基本构成图

2.5 伪距测量与载波相位测量

GPS 卫星不间断地发送包含所有卫星星历参数和时间信息的导航定位信号,用户接收机接收到这些信息后,经过计算可求出接收机的三维位置、三维方向以及运动速度和时间信息。定位过程实际上是将卫星作为动态空间已知点,利用距离交会的原理确定接收机的三维位置。

2.5.1 GPS 伪距测量原理

GPS 接收机对测距码的量测就可得到卫星到接收机的距离,由于所测距离含有接收机钟的误差、卫星钟的误差及大气传播误差,故称测得的距离为伪距。GPS 接收机对 C/A 码测得的伪距称为 C/A 码伪距,精度约 20 ~ 30m;对 P 码测得的伪距称为 P 码伪距,精度为 2 ~ 10m。接收机至卫星的距离是借助于卫星发射的码信号量测并计算得到的,GPS 伪距测量步骤如下:

(1)卫星依据自己的时钟发出某一结构的测距码,该测距码经过 Δt 时间传播后到达接收机,接收机收到信号的时间为 t;

(2)接收机在自己的时钟控制下产生一组结构完全相同的测距码——复制码,并通过时延器使其延迟时间 τ;

(3)将这两组测距码进行相关处理,直到两组测距码的自相关系数 $R(t) = 1$ 为止,此时,复制码已和接收到的来自卫星的测距码对齐,复制码的延迟时间 τ 就等于卫星信号的传播时间 Δt;

(4)将 Δt 乘上光速 c 后即可求得卫星至接收机的伪距。

图 2-9 为伪距测量原理图。

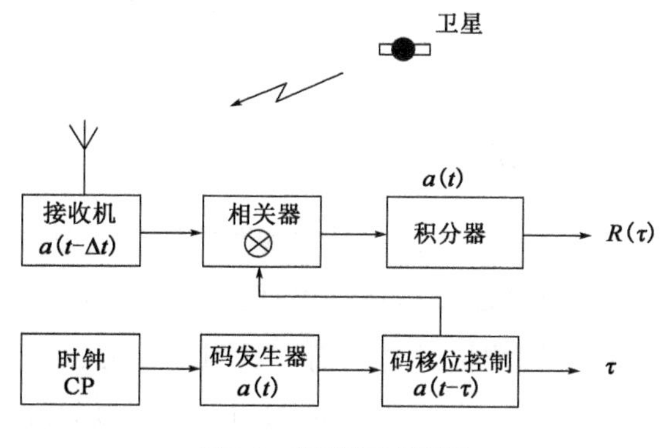

图2-9　伪距测量原理图

2.5.2　GPS 绝对定位

GPS 绝对定位也叫单点定位，即利用 GPS 卫星和用户接收机之间的距离观测值直接确定用户接收机天线在 WGS-84 坐标系中相对于地球质心的绝对位置。伪距定位基本观测方程为：

$$\rho' = c \cdot \Delta t \tag{2-28}$$

式中，ρ'为伪距值；c 为电磁波传播速度；Δt 为卫星信号传播时间。

进一步考虑电离层延迟误差、对流层延迟误差、卫星钟差和接收机钟差影响有：

$$\rho' = \rho + \delta\rho_{\text{ion}} + \delta\rho_{\text{trop}} + c\delta t_k - c\delta t^j \tag{2-29}$$

式中，ρ 为接收机至卫星的几何距离；$\delta\rho_{\text{ion}}$为电离层延迟误差；$\delta\rho_{\text{trop}}$为对流层延迟误差；δt_k 为接收机钟差；δt^j 为卫星钟差。

接收机至卫星几何距离 ρ 与卫星坐标(X_S,Y_S,Z_S)和接收机坐标(X,Y,Z)之间有如下关系：

$$\rho^2 = (X_S - X)^2 + (Y_S - Y)^2 + (Z_S - Z)^2 \tag{2-30}$$

因此，观测方程(2-29)就变为：

$$\rho' - \delta\rho_{\text{ion}} - \delta\rho_{\text{trop}} - c\delta t_k + c\delta t^j = [(X_S - X)^2 + (Y_S - Y)^2 + (Z_S - Z)^2]^{\frac{1}{2}} \tag{2-31}$$

将(2-31)进行变形，得观测方程：

$$[(X_S^j - X)^2 + (Y_S^j - Y)^2 + (Z_S^j - Z)^2]^{\frac{1}{2}} + c\delta t_k = \rho'^j - \delta\rho_{\text{ion}}^j - \delta\rho_{\text{trop}}^j + c\delta t^j \tag{2-32}$$

在式(2-32)中，电离层延迟误差和对流层延迟误差可用模型进行估计，卫星钟差可根据导航电文中的钟差改正参数进行计算，式(2-32)中未知参数有4个，分别为接收机相位中心坐标(X,Y,Z)和接收机钟差 δt_k，解算4个未知数至少需要4个观测方程，所以在导航定位中，至少需要同步观测4颗卫星，列立4个方程才可进行定位。在绝对定位过程中，由于受到卫星轨道误差、钟差和信号传播误差等因素的影响,静态绝对定位的精度约为米级,动态绝对定位的精度约为10~40m。

2.5.3 载波相位测量原理

利用测距码进行伪距测量是GPS系统的基本测距方法。然而由于测距码的码元长度较大,对于一些高精度应用来讲,其测距精度还显得过低,无法满足需要。如果观测精度均取至测距码波长的百分之一,则伪距测量对P码而言量测精度为30cm,对C/A码而言为3cm左右。而如果把载波作为量测信号,由于载波的波长较短,所以载波相位测量可达到较高的精度。目前的大地型接收机的载波相位测量精度可达1~2mm甚至更高。但载波信号是一种周期性的正弦信号,而相位测量又只能测定其不足一个波长的部分,因而存在着整周数不确定性的问题,使解算过程变得比较复杂。

在GPS信号中由于已用相位调制的方法在载波上调制了测距码和导航电文,因而接收到的载波相位已不再连续,所以在进行载波相位测量以前,首先要进行解调工作,设法将调制在载波上的测距码和卫星电文去掉,重新获取载波,这一工作称为重建载波。重建载波一般可采用两种方法,一种是码相关法,另一种是平方法。采用前者,用户可同时提取测距信号和卫星电文,但用户必须知道测距码的结构;采用后者,用户无须掌握测距码的结构,但只能获得载波信号而无法获得测距码和卫星电文。载波相位测量示意图如图2-10所示。

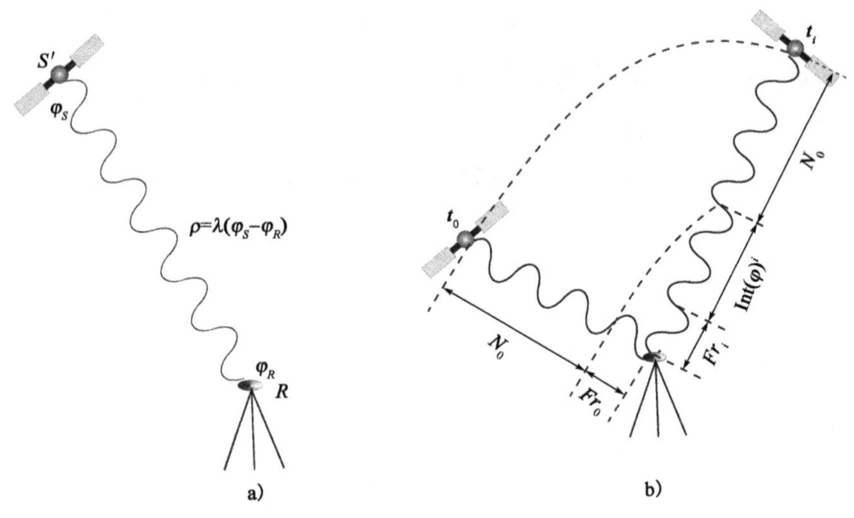

图2-10 载波相位测量示意图

在图2-10a)中,卫星 S 发出一载波信号,某一瞬间,该信号在接收机 R 处的相位为 φ_R,在卫星 S 处的相位为 φ_S。φ_R 和 φ_S 为从某一起始点开始计算的包括整周数在内的载波相位,为方便计算,载波相位均以周数为单位。若载波的波长为 λ,则卫星 S 至接收机 R 间的距离为：

$$\rho' = \lambda(\varphi_S - \varphi_R) \tag{2-33}$$

式中，ρ'为测相伪距；λ 为载波波长。

但是在接收机接收卫星信号的时刻，无法观测载波在卫星处的相位，如果无法观测 φ_S，载波相位测量就无从谈起。问题的解决办法是接收机的振荡器能产生一个频率与初相和卫星载波信号完全相同的基准信号，因为任何一个瞬间在接收机处的基准信号的相位等于卫星处载波信号的相位。因而，$(\varphi_S - \varphi_R)$等于接收机产生的基准信号的相位和接收到的来自卫星的载波信号相位之差。

如图 2-10b）所示，接收机在捕获到卫星信号后，并在 t_0 时刻进行首次载波相位测量，此时接收机所产生的基准信号的相位与接收到的来自卫星的载波信号的相位之差是由 N_0 个整周及不足一整周的部分 F_{r_0} 组成。利用载波相位定位过程中，在接收机捕获卫星信号的历元，接收机可以测定载波相位在传播路径不足一周的相位 F_{r_n}，而相位变化的整周数 N_0 无法直接测定，称为整周未知数。以后进行的实际量测值中不仅包含不足一整波段的部分，也包含整周计数 $\mathrm{Int}(\varphi)$。在 GPS 接收机跟踪卫星信号的过程中，载波相位变化的周数可由接收机的整波计数器进行记录，但 N_0 仍然是未知数，第 n 次观测的载波相位观测方程为：

$$\lambda[N_0 + \mathrm{Int}(\varphi) + F_{r_n}] = \rho^j + c \cdot \delta t^j - c \cdot \delta t_k - \delta\rho_{\mathrm{ion}} - \delta\rho_{\mathrm{trop}} \tag{2-34}$$

式中，ρ 为接收机至卫星的几何距离；$\delta\rho_{\mathrm{ion}}$为电离层延迟误差；$\delta\rho_{\mathrm{trop}}$为对流层延迟误差；$\delta t_k$ 为接收机钟差；δt^j 为卫星钟差。

2.5.4　整周未知数确定

确定整周未知数 N_0 的值是载波相位测量的一项重要工作，确定整周未知数通常的方法有伪距法、将整周未知数当作平差中的待定参数法和多普勒法等方法。

1）伪距法

伪距法是在进行载波相位测量的同时又进行了伪距测量，将伪距观测值减去载波相位测量的实际观测值（化为以距离为单位）后即可得到。但由于伪距测量的精度较低，所以要进行较多的取平均值后才能获得正确的整波段数。

2）将整周未知数当作平差中的待定参数——经典方法

确定整周未知数的经典方法是把整周未知数当作平差计算中的待定参数来加以估计，主要有两种估计方法。

（1）整数解

整周未知数从理论上讲应该是一个整数，利用这一特性能提高解的精度。短基线定位时一般采用这种方法。具体步骤如下：首先根据卫星位置和修复了周跳后的相位观测值进行平差计算,求得基线向量和整周未知数。由于各种误差的影响,解得的整周未知数往往不是一个整数,称为实数解。然后将其固定为整数(通常采用四舍五入法),并重新进行平差计算。在计算中整周未知数采用整周值并视为已知数,以求得基线向量的最后值。

(2)实数解

当基线较长时,误差的相关性将降低,许多误差消除得不够完善。所以无论是基线向量还是整周未知数,均无法估计得很准确。在这种情况下再将整周未知数固定为某一整数往往无实际意义,所以通常将实数解作为最后解。

采用经典方法解算整周未知数时,为了能正确求得这些参数,往往需要一个小时甚至更长的观测时间,从而影响了作业效率,所以只有在高精度定位领域中才应用。

3)多普勒法(三差法)

由于连续跟踪的所有载波相位测量观测值中均含有相同的整周未知数,所以将相邻两个观测历元的载波相位相减,就将该未知参数消去,从而直接解出坐标参数。这就是多普勒法。但两个历元之间的载波相位观测值之差受到此期间接收机钟及卫星钟的随机误差的影响,所以精度稍差,往往用来解算未知参数的初始值。三差法可以消除掉许多误差,所以使用较广泛。

2.5.5 整周跳变

在接收机跟踪 GPS 卫星进行观测过程中,常常由于接收机天线被遮挡、外界噪声信号干扰等原因,还可能产生整周跳变现象。整周跳变是卫星信号被障碍物挡住而暂时中断,或受无线电信号干扰造成失锁,计数器无法连续计数,当信号重新被跟踪后,使整周计数不正确,但不到一整周的相位观测值仍是正确的,这种现象称为周跳。

周跳只引起载波相位观测量的整周数发生跳跃,小数部分则是正确的。周跳具有继承性,即从发生周跳的历元开始,以后所有历元的相位观测值都受到这个周跳的影响。相位观测值中存在周跳,相当于观测值中存在粗差,将会严重影响 GPS 基线解算过程中的最小二乘估计,使基线解算失败或严重歪曲基线解算的结果。在 GPS 动态定位中,如数值为一周的周跳不修复,将会导致数十厘米的误差,这对于高精度的 GPS 测量是无法接受的。周跳的探测与修复是 GPS 载波相位数据处理中不可缺少的组成部分,只有消除了周跳的“干净”相位数据,才能用于 GPS 精密定位。

2.6 GPS 测量的误差来源

在 GPS 卫星定位测量中,影响观测量精度的主要误差来源一般可分为三类:与卫星有关的误差、与传播途径有关的误差、与 GPS 接收机有关的误差。

2.6.1　与卫星有关的误差

1)卫星星历误差

卫星星历误差是指卫星星历给出的卫星空间位置与卫星实际位置间的偏差,由于卫星空间位置是由地面监控系统根据卫星测轨结果计算求得的,所以又称为卫星轨道误差。它是一种起始数据误差,其大小取决于卫星跟踪站的数量及空间分布、观测值的数量及精度、轨道计算时所用的轨道模型及定轨软件的完善程度等。星历误差是 GPS 测量的重要误差来源之一。

2)卫星钟差

卫星钟差是指 GPS 卫星时钟与 GPS 标准时间的差别。为了保证时钟的精度,GPS 卫星均采用高精度的原子钟,但它们与 GPS 标准时之间的偏差和漂移总量仍在 1 ~ 0.1ms 以内,由此引起的等效误差将达到 300 ~ 30km。这是一个系统误差,必须加于修正,卫星的导航电文中包含卫星钟差改正参数。

3)SA 干扰误差

SA 误差是美国军方为了限制非特许用户利用 GPS 进行高精度点定位而采用的降低系统精度的政策,简称 SA 政策,它包括降低广播星历精度的 ε 技术和在卫星基本频率上附加一随机抖动的 δ 技术。实施 SA 技术后,SA 误差已经成为影响 GPS 定位误差的最主要因素。2000 年 5 月 1 日之前 GPS 单点定位的精度仅为 100m 左右;美国在 2000 年 5 月 1 日取消了 SA 政策,GPS 单点定位的精度提高至 10m 左右;在战时或必要时,美国还有可能恢复或采用类似的干扰技术。

4)相对论效应的影响

这是由于卫星钟和接收机所处的状态(运动速度和重力位)不同引起的卫星钟和接收机钟之间的相对误差,解决相对论效应最简单的办法是调整卫星钟的基准频率,使卫星进入轨道受到相对论效应影响后频率正好变为标准频率 10.23MHz。

2.6.2　与传播途径有关的误差

1)电离层折射

在地球上空距地面 50 ~ 100km 之间的电离层中,气体分子受到太阳等天体各种射线辐射产生强烈电离,形成大量的自由电子和正离子。当 GPS 信号通过电离层时,与其他电磁波一样,信号的路径要发生弯曲,传播速度也会发生变化,从而使测量的距离发生偏差,这种影响称为电离层折射。对于电离层折射可用 3 种方法来减弱它的影响:①利用双频观测值,利用不同频率的观测值组合来对电离层的延尺进行改正;②利用电离层模型加以改正;③利用同步观测值求差,这种方法对于短基线的效果尤为明显。

2)对流层折射

对流层的高度为40km以下的大气底层,其大气密度比电离层更大,大气状态也更复杂。对流层与地面接触并从地面得到辐射热能,其温度随高度的增加而降低。GPS信号通过对流层时,也使传播的路径发生弯曲,从而使测量距离产生偏差,这种现象称为对流层折射。减弱对流层折射的影响主要有3种措施:①采用对流层模型加以改正,其气象参数在测站直接测定;②引入描述对流层影响的附加待估参数,在数据处理中一并求得;③利用同步观测量求差。

3)多路径效应

测站周围的反射物所反射的卫星信号(反射波)进入接收机天线,和直接来自卫星的信号(直接波)产生干涉,从而使观测值偏离,产生所谓的“多路径误差”。这种由于多路径的信号传播所引起的干涉时延效应被称作多路径效应。减弱多路径误差的方法主要有:①选择合适的站址,测站不宜选择在山坡、山谷和盆地中,应离开高层建筑物;②选择较好的接收机天线,在天线中设置径板,抑制极化特性不同的反射信号。

2.6.3 与GPS接收机有关的误差

1)接收机钟差

GPS接收机一般采用高精度的石英钟,接收机的钟面时与GPS标准时之间的差异称为接收机钟差。把每个观测时刻的接收机钟差当作一个独立的未知数,并认为各观测时刻的接收机钟差是相关的,在数据处理中与观测站的位置参数一并求解,可减弱接收机钟差的影响。

2)接收机的位置误差

接收机天线相位中心相对测站标石中心位置的误差,称为接收机位置误差。其中包括天线置平和对中误差,量取天线高误差。在精密定位时,要仔细操作,来尽量减少这种误差影响。在变形监测中,应采用有强制对中装置的观测墩。但这时各测站的天线均应按天线附有的方位标进行定向,使之根据罗盘指向磁北极。

3)接收机天线相位中心偏差

在GPS测量时,观测值都是以接收机天线的相位中心位置为准的,而天线的相位中心与其几何中心,在理论上应保持一致。但是观测时天线的相位中心随着信号输入的强度和方向不同而有所变化,这种差别称为天线相位中心的位置偏差。这种偏差的影响可达数毫米至厘米。而如何减少相位中心的偏移是天线设计中的一个重要问题。

2.6.4 其他误差

1)地球自转影响

GPS 提供的星历是 WGS-84 坐标系坐标,WGS-84 坐标系为地固坐标系,而地球并非不动体,它在不停自转;GPS 信号自卫星到地面测站,需要一段传播时间 τ,当卫星信号传播到观测站时,与地球相固联的协议地球坐标系相对卫星的上述瞬时位置已产生了旋转(绕 Z 轴)。若取 ω 为地球自转速度,则旋转的角度为 $\omega\tau$,引起坐标系中坐标变化($\Delta X,\Delta Y,\Delta Z$)为:

$$\begin{bmatrix}\Delta X\\ \Delta Y\\ \Delta Z\end{bmatrix}=\begin{bmatrix}0 & \sin(\omega\tau) & 0\\ -\sin(\omega\tau) & 0 & 0\\ 0 & 0 & 0\end{bmatrix}\begin{bmatrix}X_S\\ Y_S\\ Z_S\end{bmatrix} \tag{2-35}$$

式中,(X_S,Y_S,Z_S)为卫星的瞬时坐标。

由于旋转角 $\omega\tau$ 一般小于 1.5″,所以当取至一次微小项时,上式可简化为:

$$\begin{bmatrix}\Delta X\\ \Delta Y\\ \Delta Z\end{bmatrix}=\begin{bmatrix}0 & \omega\tau & 0\\ -\omega\tau & 0 & 0\\ 0 & 0 & 0\end{bmatrix}\begin{bmatrix}X_S\\ Y_S\\ Z_S\end{bmatrix} \tag{2-36}$$

2)地球潮汐改正

地球并非是一个刚体,在太阳和月球引力作用下,固体地球要产生周期性的弹性形变,称为固体潮。此外,在日月引力的作用下,地球上的负荷也将发生周期性的变动,使地球产生周期性形变,称为负荷潮汐。海潮、固体潮和负荷潮引起的测站位移可达 80cm,使不同时间的测量结果互不一致,在高精度相对定位中应考虑其影响。

2.7 GPS 实时动态测量(RTK)

高精度的 GPS 测量必须采用载波相位观测值。RTK(Real-time Kinematic)定位技术就是基于载波相位观测值的实时动态定位技术,它能够实时地提供测站点在指定坐标系中的三维定位结果,并达到厘米级精度。在 RTK 作业模式下,基准站通过数据链将其观测值和测站坐标信息一起传送给流动站。流动站不仅通过数据链接收来自基准站的数据,还要采集 GPS 观测数据,并在系统内组成差分观测值进行实时处理,同时给出厘米级定位结果。流动站可处于静止状态,也可处于运动状态;可在固定点上先进行初始化后再进入动态作业,也可在动态条件下直接开机,并在动态环境下完成周模糊度的搜索求解。在整周未知数解固定后,即可进行每个历元的实时处理,只要能保持四颗以上卫星相位观测值的跟踪和必要的几何图形,则流动站可随时给出厘米级定位结果。

RTK 是能够在野外实时得到厘米级定位精度的测量方法,RTK 为工程放样、地形测图、各种控制测量带来了新的方法,极大地提高了外业作业效率。

2.7.1 单基站 RTK 技术

单基站 RTK 技术的工作原理是在基准站上设置一台 GPS 接收机,对所有可见 GPS 卫星进行连续观测,并将其观测数据通过无线电传输设备,实时地发送给用户观测站。用户站上,GPS 接收机在接收 GPS 卫星信号的同时,通过无线电接收设备,接收基准站传输的观测数据,然后根据相对定位原理,实时地解算整周模糊度未知数并计算显示用户站的三维坐标及其精度。GPS 单基站 RTK 测量原理如图 2-11 所示。

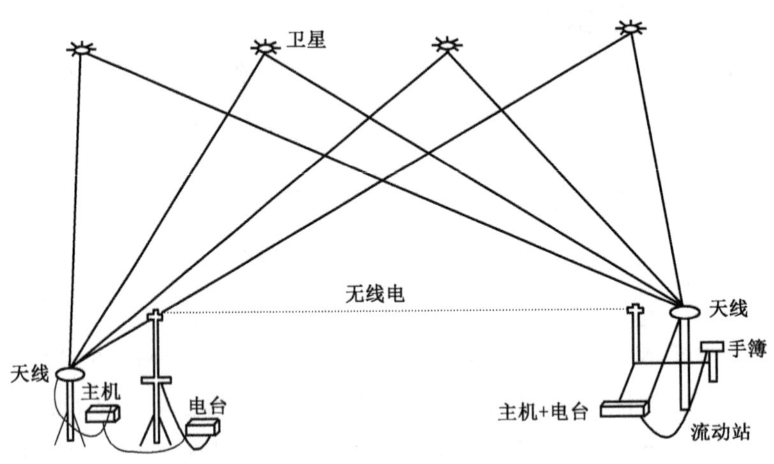

图 2-11 单基站 RTK 技术示意图

一套完整的单基站 RTK 测量系统一般由以下三部分组成:GPS 接收设备(包括基准站接收机和流动站接收机)、数据链、软件系统。基准站包括 GPS 接收机、GPS 天线、无线电通信发射系统、供 GPS 接收机和无线电台使用的电源及基准站控制器等部分。流动站包括 GPS 接收机、GPS 天线、无线电通信接收系统、供 GPS 接收机和无线电使用的电源及流动站控制器等部分。

1)基准站

基准站的作用是为测量系统提供基准,一般来说,基准站架设在已知测量控制点上,并且该控制点必须同时具有 WGS-84 坐标和测量所采用的基准内的坐标。目前,通常使用 2000 国家大地坐标系,则该点处除具有 WGS-84 坐标系内坐标外,还要具有 2000 国家大地坐标系的坐标。一台完整的参考站包括 GPS 主机、GPS 天线、差分数据发射电台及天线、电池或电源、基座、三脚架、天线高、测量尺、各部分连线等。参考站设施的内容包括 GPS 天线架设,数据电台天线架设,GPS 接收机与 GPS 天线、数据电台、电池、控制器的连接,数据电台与天线的连接等。在架设参考站时需要注意以下几点。

(1)由于基准站是向流动站传递校正信号的,因此必须保证卫星信号的接收质量。GPS 天线上方必须开阔,15°高度角以上不能有障碍物的阻挡;必须避开大功率发射电台和大面积的水域;观测过程中要避免 GPS 天线的移动,尽量减少外界干扰等。

(2)差分信号是直线传播的,由于地球曲率的影响,其传播距离与架设的高度成一定比例关系。所以,差分天线应尽量架在高处,并力图使其与流动站之间减少障碍物遮挡,以利于信号的传播。

(3)基准站的电源供应必须充足,因为差分信号的传播距离与电源有很大的关系。差分信号的发射功率一般要比接收的功率大得多,因此基准站耗费的电能较多。

(4)差分天线与 GPS 天线要离开一段距离,以免相互影响。

(5)正确设置各项参数。由于基准站为整个测量系统提供基准起算的依据,如果参数设置错误,接收高基准站数据的所有流动站的测量结果都将发生错误。基准站的参数设置包括选择和设置坐标系统(Coordinate System)、参考椭球(Datum)、已知坐标(Known Coordinate)、数据电台频率(Frequency)、数据发送时间间隔(Interval),有些仪器还需要输入 WGS-84 坐标系到所使用测量基准的转换参数。

(6)基准站和流动站的截止高度角设置应略有差异,基准站设置的截止高度角要稍小于流动站设置的截止高度角。因为,基准站一般设置在高处,而流动站观测一般较基准站低,在流动站观测到的卫星的高度角会小于基准站观测到的同一卫星的高度角。如果基准站与流动站的截止高度角设置相同,有可能因为某颗卫星在基准站的高度角较低而被忽略,而在流动站该卫星的状况有可能非常好,这样就会出现流动站跟踪到足够的卫星却不能正常工作的情况。由于基准站架设在高处,其所观测的卫星信号环境一般比较好,因此不必担心差分信号的质量问题,所以,基准站的截止高度角设置一般要比流动站的设置低 2°~3°。

(7)观测过程中要随时检查仪器工作情况、卫星信号的接收情况、差分数据的发送情况等,并认真记录观测过程中出现的异常情况及处理意见和时间。

2)流动站

流动站是直接用于测量点坐标和进行点放样的工具。它所做的工作是同时接收来自卫星的 GPS 信号和来自参考站的差分信号,将两种信号解调以后,利用差分数据对 GPS 卫星数据进行校正,计算测量点的 WGS-84 坐标,利用坐标系统转换参数将 WGS-84 坐标转换为目前使用的测量基准内的三维坐标(平面坐标 x、y 和大地高 H),实时显示计算结果。

一台流动站包括 GPS 主机、GPS 天线、差分数据接收电台及天线、电池、对中杆、GPS 天线测高尺、连线等。有些 GPS 接收机与差分数据接收电台是集成在一起的。

为了施工作业方便,流动站主机、电池一般放在背包内,通过连线与 GPS 天线、数据电台天线和手持控制器连接。流动站的参数设置包括选择和设置坐标系统、参考椭球、数据电台频率,WGS-84 坐标系到所使用测量基准的转换参数。这里的数据电台频率必须与参考站一致,否则将无法接收参考站发送的差分信号。

一台流动站的参数设置错误虽说不会影响其他流动站,但是该流动站测量的所有成果都会出现错误。因此,要特别注意在测量之前,一定要在已知点上进行仪器检核。各项参数设置正确以后,即可进行测量工作。如图 2-12 所示为单基站 RTK 技术的基准站和流动站。

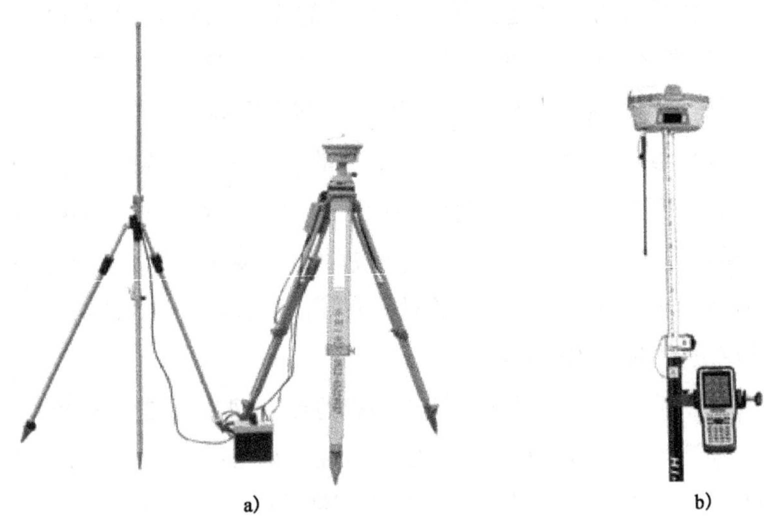

a)　　b)

图 2-12　单基站 RTK 技术的基准站和流动站

RTK 技术打破了传统布网方案,点与点之间不要求通视;RTK 做控制测量的速度快,并能实时显示定位精度,因而除了高精度的控制测量采用 GPS 静态相对定位外,其他控制测量均采用 RTK 形式。根据生产单位的大量实践表明,用 RTK 进行控制测量能够达到厘米级精度,可以满足图根控制测量精度要求。

单基站 RTK 在实际应用中一般受到以下几项条件的限制。

(1)卫星信号问题:在城市高楼密集区或其他卫星接收不好的地方,有无法初始化的情况,或得不出固定解。

(2)数据传送问题:在城市地区,由于高楼大厦的阻挡或其他无线电波的干扰,流动站经常接收不到基准站发射的信息。

(3)距离问题:RTK 测量的精度随着基准站与流动站的距离的增长,精度会逐步降低。所以在实际作业时,基准站和流动站之间的距离有一定限制。

2.7.2 基于GPRS的单基站RTK技术

单基站RTK一般采用无线电通信发射系统向流动站提供改正信号，因为无线信号强度会随距离衰减，其作业距离一般限制在10km以内，在城市高楼密集区及信号遮挡区域，其信号传播距离更短。

基于GPRS单基站RTK技术采用GPRS网络传递改正信号，信号传输距离由GPRS网络覆盖范围确定，流动站和基准站之间的信号传输距离没有限制，基于GPRS单基站RTK技术网络数据链系统稳定，传输速度快，降低了差分信号的延迟，一定程度上提高了定位的稳定性和精度。但从数据计算原理来看，基于GPRS单基站RTK技术仅在数据发送与接收上与传统的单基站RTK不同，在改正信号的生成及定位精度上与传统的单基站RTK基本相同。基于GPRS单基站RTK数据流程如图2-13所示。

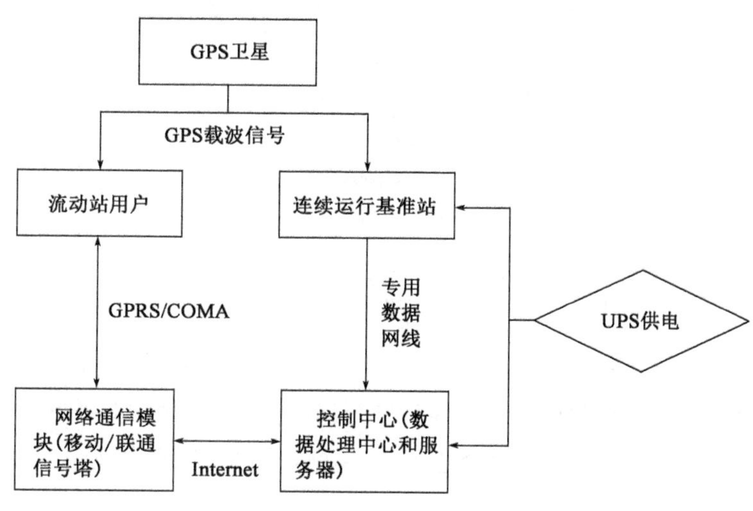

图2-13 基于GPRS单基站RTK数据流程

2.7.3 基于GPRS的单基站RTK精度测试

为探索基于GPRS的单基站RTK测量精度以及测量距离对精度的影响，以实验的形式对实测数据进行分析，得出相关结论。基准站设在山东济南长清区大学城，使用中海达V10 GPS接收机，采用移动手机卡以GPRS方式传递数据。实验分别针对到基准站不同距离的观测点进行多次连续测量，进行精度统计，实验采用原始坐标，未进行坐标转换，采用以基准站单点定位坐标为基准的WGS-84坐标系坐标。选取中央子午线117°进行高斯投影。获取点位的高斯直角坐标系的平面坐标和大地高程。实验过程中，每点均进行30次单独测量，不进行平滑，能获取固定解的站点保存固定解，距离较远的观测点，在较难取得固定解的情况下,保存浮点解或伪距解。

实验按长清—章丘301公交路线为实验路线,每隔一定的站点进行测量,共选取校门口、炒米店、济南大学、千佛山、邢村立交桥和圣井6个观测点。由于圣井观测点距基准站较远,无法取得固定解,结果精度很差,不能满足工程应用,未再对该点进行精度统计。6个观测点到基准站的距离分别为0.5km、4.8km、17.2km、25.1km、40.3km、55km,观测站点如图2-14所示。

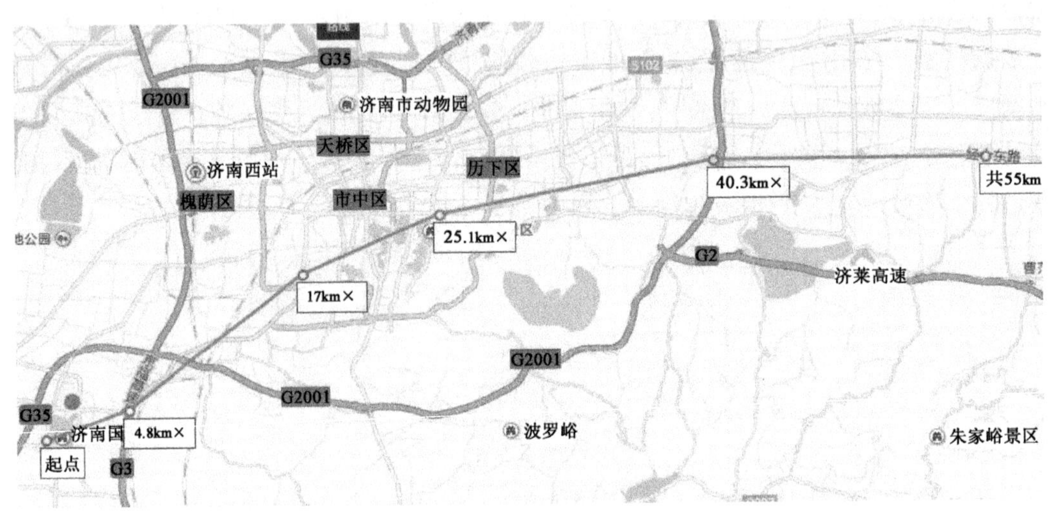

图2-14 基于GPRS的单基站RTK精度测试站点

1)校门口观测点精度统计

校门口观测点位于山东交通学院长清校区东门,与基准站相距0.5km,校门口观测点四周没有遮挡,净空开阔,视野良好,适合进行GPS测量。30次观测该观测点全都获得固定解。观测值的精度统计结果列于表2-3。

校门口观测点观测结果与精度统计(单位:m) 表2-3

序号	平面坐标		大地高 H	观测精度(中误差)			解类型
	X	Y		σ_X	σ_Y	σ_H	
1	4045145.5478	481416.0683	52.9657	0.0092	0.0082	0.0179	固定解
2	4045145.5373	481416.0469	52.9695	0.0084	0.0078	0.0173	固定解
3	4045145.5394	481416.0431	52.9575	0.0085	0.0078	0.0174	固定解
4	4045145.5544	481416.0428	52.9643	0.0086	0.0079	0.0175	固定解
5	4045145.5511	481416.0400	52.9615	0.0087	0.0079	0.0175	固定解
6	4045145.5379	481416.0384	52.9517	0.0088	0.0080	0.0176	固定解
7	4045145.5371	481416.0389	52.9539	0.0120	0.0103	0.0226	固定解
8	4045145.5324	481416.0380	52.9597	0.0127	0.0108	0.0236	固定解

续上表

序号	平面坐标		大地高 H	观测精度(中误差)			解类型
	X	Y		σ_X	σ_Y	σ_H	
9	4045145.5485	481416.0423	52.9562	0.0134	0.0113	0.0246	固定解
10	4045145.5424	481416.0276	52.9553	0.0085	0.0078	0.0174	固定解
11	4045145.5371	481416.0365	52.9556	0.0087	0.0079	0.0175	固定解
12	4045145.5391	481416.0340	52.9527	0.0088	0.0079	0.0176	固定解
13	4045145.5480	481416.0379	52.9605	0.0087	0.0079	0.0175	固定解
14	4045145.5358	481416.0410	52.9638	0.0083	0.0077	0.0172	固定解
15	4045145.5340	481416.0418	52.9660	0.0083	0.0078	0.0174	固定解
16	4045145.5376	481416.0429	52.9710	0.0084	0.0078	0.0175	固定解
17	4045145.5728	481416.0497	52.9780	0.0082	0.0077	0.0174	固定解
18	4045145.5710	481416.0367	52.9799	0.0082	0.0077	0.0174	固定解
19	4045145.5801	481416.0374	52.9840	0.0083	0.0078	0.0175	固定解
20	4045145.5902	481416.0474	52.9828	0.0082	0.0078	0.0174	固定解
21	4045145.5538	481416.0400	52.9836	0.0083	0.0078	0.0175	固定解
22	4045145.5481	481416.0293	52.9856	0.0085	0.0079	0.0176	固定解
23	4045145.5575	481416.0426	52.9871	0.0112	0.0098	0.0216	固定解
24	4045145.5616	481416.0381	52.9865	0.0119	0.0102	0.0226	固定解
25	4045145.5509	481416.0399	52.9864	0.0126	0.0107	0.0237	固定解
26	4045145.5647	481416.0431	52.9844	0.0134	0.0112	0.0247	固定解
27	4045145.5490	481416.0458	52.9672	0.0083	0.0078	0.0175	固定解
28	4045145.5359	481416.0321	52.9698	0.0081	0.0077	0.0173	固定解
29	4045145.5364	481416.0317	52.9655	0.0081	0.0077	0.0173	固定解
30	4045145.5228	481416.0392	52.9671	0.0082	0.0077	0.0174	固定解

从表2-3的观测结果来看，基于载波相位的实时差分动态测量较易获得整数的整周相位观测值，获得固定解，解在单方向上的平面坐标最大中误差为0.0134m，最大高程中误差为0.0247m，测量结果与平均值之差如图2-15所示。

图2-15中，系列1是北方向坐标X测量结果与平均值之差折线，系列2是东方向坐标Y测量结果与平均值之差折线，系列3是高程测量结果与平均值之差折线，其他站点折线图与该站表示方法相同。从图2-15中可以看出，校门口观测点仅有一点的坐标X与平均值之差略大于0.04m，其他点的北、东方向和高程测量结果与平均值之差均小于0.03m。在基准站近距离测量，单基站RTK完全能获得厘米级精度的成果。

2)炒米店观测点精度统计

炒米店观测点位于104国道炒米店公交站牌附近，与基准站直线距离为5.5km，该观测

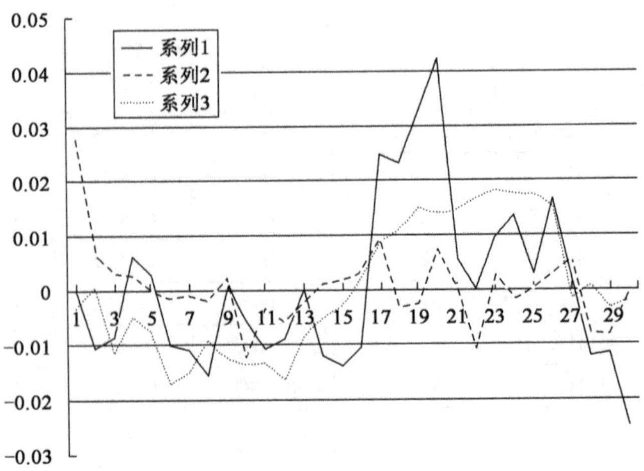

图2-15　校门口观测点测量结果与平均值之差折线图

点四周没有遮挡信号的建筑物，净空较为开阔，适合进行 GPS 测量。30 次观测该观测点全都获得固定解。观测值的精度统计结果列于表 2-4。

炒米店观测点观测结果与精度统计(单位:m)　　表 2-4

序号	平面坐标		大地高 H	观测精度(中误差)			解类型
	X	Y		σ_X	σ_Y	σ_H	
1	4046684.0581	486255.8160	71.8576	0.0109	0.0079	0.0141	固定解
2	4046684.1119	486255.8654	71.8516	0.0154	0.0108	0.0193	固定解
3	4046684.1152	486255.8579	71.8601	0.0146	0.0103	0.0185	固定解
4	4046684.1197	486255.8586	71.8625	0.0136	0.0096	0.0174	固定解
5	4046684.1243	486255.8609	71.8570	0.0103	0.0075	0.0139	固定解
6	4046684.1103	486255.8655	71.8582	0.0101	0.0074	0.0138	固定解
7	4046684.0979	486255.8754	71.8569	0.0102	0.0074	0.0139	固定解
8	4046684.1152	486255.8762	71.8600	0.0102	0.0074	0.0139	固定解
9	4046684.1076	486255.8792	71.8558	0.0103	0.0075	0.0139	固定解
10	4046684.0985	486255.8780	71.8537	0.0131	0.0093	0.0169	固定解
11	4046684.1083	486255.8766	71.8541	0.0138	0.0097	0.0176	固定解
12	4046684.1104	486255.8751	71.8566	0.0145	0.0101	0.0184	固定解
13	4046684.1173	486255.9657	71.8585	0.0152	0.0106	0.0191	固定解
14	4046684.1521	486255.9803	71.8633	0.0101	0.0074	0.0138	固定解
15	4046684.1912	486255.9306	71.8680	0.0101	0.0073	0.0138	固定解
16	4046684.1958	486255.8916	71.8676	0.0101	0.0073	0.0138	固定解
17	4046684.1986	486255.8151	71.8745	0.0102	0.0074	0.0139	固定解
18	4046684.1810	486255.8521	71.8730	0.0102	0.0074	0.0139	固定解

续上表

序号	平面坐标		大地高 H	观测精度(中误差)			解类型
	X	Y		σ_X	σ_Y	σ_H	
19	4046684.1836	486255.8347	71.8715	0.0103	0.0074	0.0139	固定解
20	4046684.1414	486255.8910	71.8745	0.0136	0.0095	0.0174	固定解
21	4046684.1597	486255.8468	71.8817	0.0143	0.0100	0.0182	固定解
22	4046684.1011	486255.7749	71.8874	0.0152	0.0105	0.0191	固定解
23	4046684.0852	486255.7457	71.8837	0.0160	0.0111	0.0200	固定解
24	4046684.1523	486255.7749	71.8601	0.0141	0.0099	0.0179	固定解
25	4046684.1258	486255.7446	71.8549	0.0102	0.0074	0.0139	固定解
26	4046684.2087	486255.7943	71.8568	0.0101	0.0073	0.0138	固定解
27	4046684.2034	486255.7987	71.8558	0.0102	0.0074	0.0139	固定解
28	4046684.2014	486255.7943	71.8582	0.0103	0.0074	0.0139	固定解
29	4046684.2008	486255.7860	71.8543	0.0104	0.0075	0.0140	固定解
30	4046684.1979	486255.7849	71.8527	0.0139	0.0097	0.0177	固定解

从表2-4的观测结果来看,基于载波相位的实时差分动态测量较易获得整数的整周相位观测值,获得固定解,解在单方向上的平面坐标最大中误差为0.0160m,最大高程中误差为0.0200m,测量结果与平均值之差如图2-16所示。

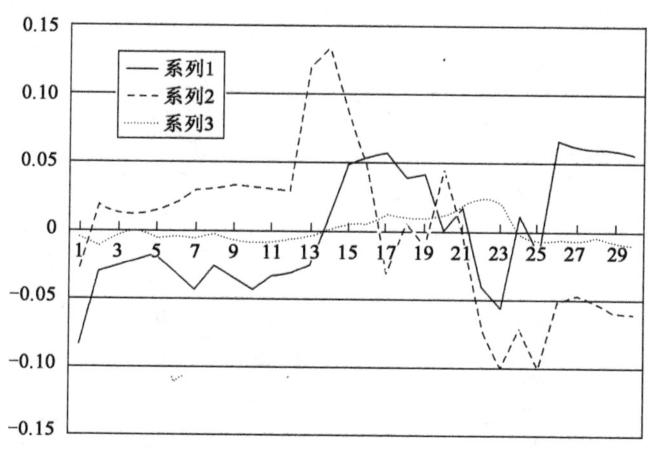

图2-16 炒米店观测点测量结果与平均值之差折线图

从图2-16中可以看出,炒米店观测点观测精度有6点的坐标 X 与平均值之差大于0.05m,2点的坐标 Y 与平均值之差大于0.05m,高程测量结果与平均值之差都小于0.03m,说明在5.5km距离内,单基站RTK能够较容易地取得固定解,能获得厘米级精度的成果。该站精度比预计精度差,与该站观测环境有关,也与卫星空间位置分布图形较差有关。

3)南外环观测点精度统计

南外环观测点位于104国道与南外环交汇处,与基准站直线距离为17.2km,该观测点周围建筑物稍多,选取的实验站点较为开阔,且远离高压线等信号干扰源。30次观测该观测点全都获得固定解。观测值的精度统计结果列于表2-5。

南外环观测点观测结果与精度统计(单位:m) 表2-5

序号	平面坐标		大地高 H	观测精度(中误差)			解类型
	X	Y		σ_X	σ_Y	σ_H	
1	4053895.2596	495686.0562	47.0122	0.0182	0.0124	0.0241	固定解
2	4053895.2506	495685.9906	47.0514	0.0257	0.0181	0.0316	固定解
3	4053895.2589	495685.9985	47.0284	0.0180	0.0124	0.0240	固定解
4	4053895.2595	495685.9994	47.0193	0.0152	0.0115	0.0236	固定解
5	4053895.2608	495686.0040	47.0142	0.0151	0.0115	0.0236	固定解
6	4053895.2687	495685.9979	47.0213	0.0151	0.0115	0.0236	固定解
7	4053895.2738	495685.9908	47.0250	0.0153	0.0116	0.0237	固定解
8	4053895.3071	495686.0043	47.0269	0.0156	0.0117	0.0239	固定解
9	4053895.3095	495685.9835	47.0250	0.0159	0.0118	0.0241	固定解
10	4053895.2860	495685.9779	47.0336	0.0210	0.0159	0.0293	固定解
11	4053895.2754	495685.9568	47.0321	0.0222	0.0168	0.0307	固定解
12	4053895.2654	495685.9765	47.0408	0.0236	0.0178	0.0321	固定解
13	4053895.2887	495685.9835	47.0184	0.0205	0.0155	0.0289	固定解
14	4053895.2861	495685.9821	47.0216	0.0217	0.0164	0.0301	固定解
15	4053895.2703	495685.9854	47.0298	0.0229	0.0173	0.0314	固定解
16	4053895.2721	495685.9894	47.0343	0.0153	0.0116	0.0238	固定解
17	4053895.2578	495685.9982	47.0277	0.0156	0.0117	0.0239	固定解
18	4053895.2447	495685.9926	47.0347	0.0159	0.0118	0.0242	固定解
19	4053895.2514	495685.9784	47.0343	0.0186	0.0126	0.0246	固定解
20	4053895.2429	495685.9828	47.0427	0.0256	0.0180	0.0316	固定解
21	4053895.2332	495685.9874	47.0411	0.0273	0.0193	0.0333	固定解
22	4053895.2242	495685.9816	47.0412	0.0291	0.0206	0.0352	固定解
23	4053895.2497	495685.9729	47.0320	0.0178	0.0122	0.0238	固定解
24	4053895.2521	495685.9761	47.0327	0.0176	0.0122	0.0238	固定解
25	4053895.2514	495685.9763	47.0281	0.0173	0.0121	0.0238	固定解
26	4053895.2647	495685.9647	47.0171	0.0171	0.0121	0.0237	固定解
27	4053895.2560	495685.9722	47.0226	0.0172	0.0121	0.0239	固定解
28	4053895.2592	495685.9801	47.0198	0.0173	0.0122	0.0240	固定解
29	4053895.2695	495686.0117	47.0190	0.0175	0.0123	0.0242	固定解
30	4053895.2511	495686.0203	47.0279	0.0223	0.0162	0.0295	固定解

从表2-5观测结果来看，基于载波相位的实时差分动态测量在17.2km距离以内较易获得整数的整周相位观测值，获得固定解，解在单方向上的平面坐标最大中误差为0.0291m，最大高程中误差为0.0352m，测量结果与平均值之差如图2-17所示。

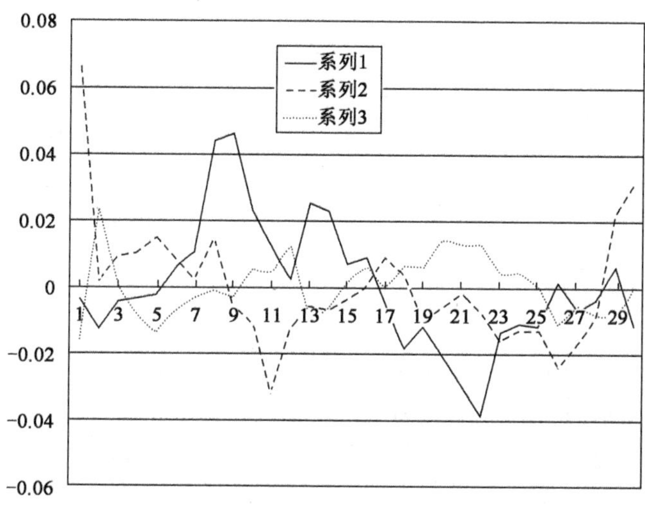

图2-17　南外环观测点测量结果与平均值之差折线图

从图2-17中可以看出，在30次独立观测中，南外环观测点仅有1点的坐标Y与平均值之差大于0.05m。说明在17.2km距离内，单基站RTK能够较容易地取得固定解，能获得厘米级精度的成果。

4）千佛山观测点精度统计

千佛山观测点位于K301路公交千佛山站牌附近，与基准站直线距离为25.1km。由于该站点位于城区，周围有高大建筑物，选取的实验站点较为开阔，且远离高压线等信号干扰源。由于该站点距离基准站较远，观测站与基准站改正信号的误差相关性有差异，所以在该观测点的30次观测中，取得13次固定解、15次码差分解、2次浮点解。观测值的精度统计结果列于表2-6。

千佛山观测点观测结果与精度统计（单位：m）　　表2-6

序号	平面坐标		大地高 H	观测精度（中误差）			解类型
	X	Y		σ_X	σ_Y	σ_H	
1	4057442.9805	502478.7985	54.7238	0.0352	0.0311	0.0683	固定解
2	4057442.9811	502478.7926	54.7135	0.0369	0.0309	0.0692	固定解
3	4057442.9828	502478.7809	54.7281	0.0442	0.0350	0.0760	固定解
4	4057442.9995	502478.7978	54.7276	0.0361	0.0307	0.0690	固定解
5	4057443.0008	502478.7840	54.7422	0.0393	0.0361	0.0770	固定解
6	4057443.0728	502478.7792	54.3689	0.7464	0.8074	1.7139	码差分解

续上表

序号	平面坐标		大地高 H	观测精度(中误差)			解类型
	X	Y		σ_X	σ_Y	σ_H	
7	4057443.0038	502478.8044	54.7007	0.0322	0.0303	0.0679	固定解
8	4057443.2452	502478.8654	54.3511	0.7474	0.8069	1.7156	码差分解
9	4057443.3637	502476.9361	54.1161	0.7477	0.8057	1.7162	码差分解
10	4057442.9737	502477.3191	53.7767	0.7456	0.8046	1.7144	码差分解
11	4057443.0112	502477.3184	53.6742	0.7472	0.8056	1.7185	码差分解
12	4057443.2681	502477.5617	53.1625	0.7473	0.8053	1.7207	码差分解
13	4057443.4067	502477.3927	53.2579	0.7478	0.8041	1.7200	码差分解
14	4057443.1997	502477.6891	52.9106	0.7472	0.8045	1.7199	码差分解
15	4057443.2266	502477.6885	52.9661	0.7494	0.8055	1.7237	码差分解
16	4057443.2745	502477.6499	52.9484	0.7475	0.8044	1.7214	码差分解
17	4057443.1601	502477.6514	52.7951	0.7461	0.8034	1.7194	码差分解
18	4057443.1948	502477.6418	52.7717	0.7465	0.8036	1.7209	码差分解
19	4057443.3540	502477.3242	53.6880	0.7456	0.8027	1.7207	码差分解
20	4057443.3507	502477.3331	53.8125	0.7464	0.8030	1.7222	码差分解
21	4057443.3848	502477.2289	54.4971	0.7457	0.8025	1.7216	码差分解
22	4057443.2689	502476.7259	54.2950	0.6947	0.6807	1.6241	浮动解
23	4057443.2610	502476.7645	54.2972	0.6948	0.6809	1.6243	浮动解
24	4057443.0419	502476.9587	54.6966	0.0219	0.0305	0.0602	固定解
25	4057442.8531	502476.9638	54.7073	0.0214	0.0302	0.0603	固定解
26	4057442.9246	502477.0053	54.7204	0.0216	0.0304	0.0607	固定解
27	4057442.9425	502476.9723	54.7073	0.0247	0.0341	0.0661	固定解
28	4057442.9619	502476.9700	54.6847	0.0210	0.0299	0.0601	固定解
29	4057442.9648	502476.9620	54.6769	0.0211	0.0300	0.0603	固定解
30	4057442.9524	502476.9515	54.7199	0.0254	0.0350	0.0678	固定解

从表2-6观测结果来看,基于载波相位的实时差分动态测量在25km距离上,观测结果既有固定解,也有码差分解和浮点解。其中,固定解在单方向上的平面坐标最大中误差为0.0442m,最大高程中误差为0.0770m,码差分解在单方向上的平面坐标最大中误差为0.8055m,最大高程中误差为1.7222m,浮点解在单方向上的平面坐标最大中误差为0.6948m,最大高程中误差为1.6243m。说明在25.0km距离内,单基站RTK能够取得固定解,也能获得厘米级精度的成果,但定位精度误差较大。

5)邢村立交桥观测点精度统计

邢村立交桥观测点与基准站直线距离为40.0km,选取的实验站点较为开阔,且远离高压线等信号干扰源。由于该站点距离基准站较远,观测站与基准站改正信号的误差相关性有差异,已较难获得整数解的整周模糊度,难以取得固定解,30 组测量值中 1 次码差分解、29 次浮动解。观测值的精度统计结果列于表 2-7。

邢村立交观测点观测结果与精度统计(单位:m)　　表 2-7

序号	平面坐标		大地高 H	观测精度(中误差)			解类型
	X	Y		σ_X	σ_Y	σ_H	
1	4060325.1803	517705.8006	109.3461	0.4843	0.3775	0.9265	浮动解
2	4060325.2367	517705.7507	109.1467	0.4577	0.3628	0.9039	浮动解
3	4060325.2584	517705.7537	108.8955	0.4347	0.3453	0.8740	浮动解
4	4060325.2720	517705.7428	108.8603	0.4295	0.3426	0.8658	浮动解
5	4060325.5690	517707.1785	109.1691	0.8499	0.7350	1.0494	码差分解
6	4060325.2968	517705.7530	108.8120	0.4237	0.3397	0.8559	浮动解
7	4060325.4117	517705.6546	108.5949	0.3920	0.3242	0.8052	浮动解
8	4060325.4129	517705.6522	108.5680	0.3867	0.3216	0.7960	浮动解
9	4060325.3979	517705.6497	108.4765	0.3759	0.3163	0.7767	浮动解
10	4060325.3965	517705.6107	108.4080	0.3607	0.3090	0.7491	浮动解
11	4060325.4864	517705.5700	108.4454	0.3475	0.3024	0.7236	浮动解
12	4060325.4750	517705.5664	108.3740	0.3321	0.2942	0.6940	浮动解
13	4060325.4562	517705.5603	108.3301	0.3226	0.2890	0.6746	浮动解
14	4060325.4677	517705.5377	108.3119	0.3110	0.2823	0.6506	浮动解
15	4060325.4623	517705.5301	108.3164	0.3087	0.2809	0.6453	浮动解
16	4060325.4709	517705.5339	108.2415	0.2952	0.2732	0.6165	浮动解
17	4060325.4783	517705.4092	108.2129	0.2912	0.2705	0.6069	浮动解
18	4060325.5413	517705.4309	108.4778	0.2848	0.2663	0.5905	浮动解
19	4060325.5655	517705.4546	108.5205	0.2809	0.2623	0.5779	浮动解
20	4060325.5712	517705.4711	108.5180	0.2810	0.2623	0.5779	浮动解
21	4060325.5494	517705.4909	108.5336	0.2751	0.2574	0.5678	浮动解
22	4060325.5738	517705.4673	108.5189	0.2723	0.2550	0.5616	浮动解
23	4060325.5661	517705.4898	108.4769	0.2731	0.2553	0.5622	浮动解
24	4060325.7014	517705.4581	108.4421	0.2678	0.2515	0.5508	浮动解
25	4060325.5569	517705.4563	108.4499	0.2653	0.2495	0.5480	浮动解
26	4060325.6455	517705.4086	108.4635	0.2667	0.2503	0.5489	浮动解
27	4060325.8084	517705.1260	108.5321	0.2846	0.2608	0.5697	浮动解
28	4060325.9709	517704.6293	109.6822	0.2696	0.2756	0.6095	浮动解
29	4060325.9383	517704.6213	109.6654	0.2622	0.2540	0.5676	浮动解
30	4060325.9558	517704.5572	109.8108	0.2596	0.2564	0.5731	浮动解

从表 2-7 观测结果来看,基于载波相位的实时差分动态测量在 40.0km 距离上,已经难以取得固定解,浮动解不能取得厘米级的定位精度,结果难以满足工程测量需要。可以得出结论,单基站 RTK 在大于 25km 已较难获得整数解的整周模糊度,且获得固定解的精度也较差。当距离超过 40km 时,单基站 RTK 技术的测量精度已不能满足工程测量的要求。

从以上实验可以得出结论,单基站 RTK 测量的精度随着基准站与流动站的距离的增长,精度逐步降低。在实际作业时,基准站和流动站之间的距离不宜超过 20km 为宜。

2.8 连续运行站技术

常规 RTK 技术采用单基准站作业模式,在实际应用中存在需要单独架设基准站、作业范围受到限制、测量的可靠性、精度随着作业半径的增大而降低等缺点。近年来基于现代 GNSS 技术、计算机网络技术、现代移动通信技术等建立起来的连续运行卫星定位服务综合系统(Continuous Operational Reference System,简称 CORS)及网络 RTK 已成为新的发展方向。

CORS 系统是在区域范围内,按照一定间距建立的若干个连续运行的卫星永久跟踪站(也称为基准站),各个站通过通信网络实时将观测数据传送到数据中心,数据中心可以对各个参考站进行远程监控管理,完成数据采集、备份、处理及分析,通过 Internet 网、GPRS、CD-MA 等通信方式向各行各业用户提供基础空间信息服务。基于 CORS 系统的网络 RTK 可满足城市规划、国土测绘、地籍管理、城乡建设、车辆导航、交通监控等多种现代信息化管理的社会需求。

2.8.1 CORS 系统的组成

CORS 系统由基准站网、数据处理中心、数据通信部分、用户应用系统四个部分组成,各基准站与监控分析中心间通过数据传输系统连接成一体,形成专用网络。

1)基准站网

基准站网是由范围内均匀分布的固定基准站组成。负责采集 GPS 卫星观测数据并输送至数据处理中心,同时提供系统完好性监测服务。例如,山东省连续运行卫星定位服务综合系统(SDCORS)中包括 100 多个基准站点组成基准站网,在山东省域内大致均匀分布,站点还在不断优化增加。图 2-18 所示为两个 CORS 系统基准站外观图。

2)数据处理中心

数据处理中心是 CORS 的核心单元,也是高精度实时动态定位得以实现的关键所在。中心 24h 连续不断地根据各基准站所采集的实时观测数据在区域内进行整体建模解算,并通过现有的数据通信网络和无线数据播发网,向各类需要测量和导航的用户以国际通用格式提供码相位/载波相位差分改正信息,以便实时解算出流动站的精确点位。

a)

b)

图 2-18 CORS 系统基准站外观图

3)数据通信部分

CORS 的数据通信包括固定基准站到控制中心的通信及控制中心到用户的通信。基准站到控制中心的通信网络负责将基准站的数据实时地传输给控制中心,控制中心和用户间的通信网络负责将网络校正数据送给用户。系统通过移动网络、Internet 等形式向用户播发定位导航数据。CORS 系统的组成与数据流程如图 2-19 所示。

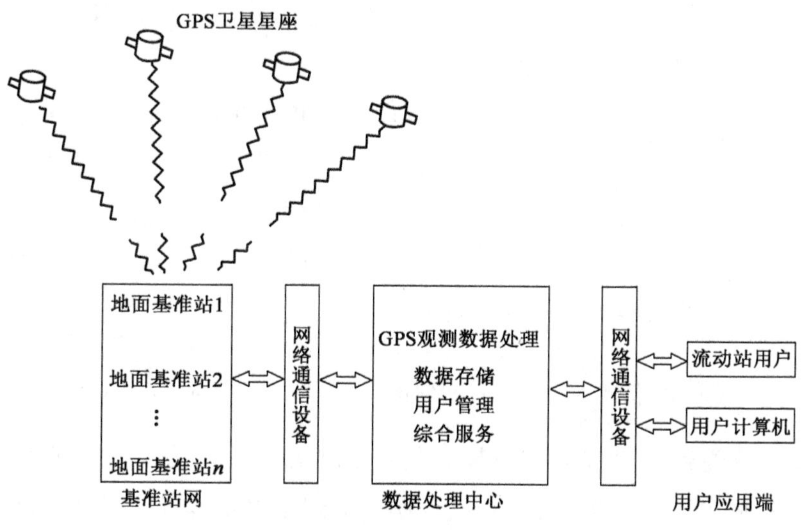

图 2-19 CORS 系统的组成与数据流程图

4)用户应用系统

用户应用系统包括用户信息接收系统、网络型 RTK 定位系统、事后和快速精密定位系统以及自主式导航系统和监控定位系统等。按照应用的精度不同,用户服务子系统可以分为毫米级用户系统、厘米级用户系统、分米级用户系统、米级用户系统等;而按照用户的应用不同,可以分为测绘与工程用户(厘米、分米级)、车辆导航与定位用户(米级)、高精度用户(事后处理)等几类。

2.8.2 CORS 系统的原理

目前,CORS 实时动态定位解算的技术主要有虚拟参考站技术(VRS)、区域改正数技术(FKP)、主辅站技术(MAC)等。

1)虚拟参考站技术

虚拟参考站技术就是在一定区域内架设一定数量的基准站,精确测定这些基准站的位置及变化率。基准站连续接收卫星信号,将信息传送至信息处理中心;数据处理中心同时接收流动站发送的接收机概略位置信息,数据处理中心会根据移动站的位置,选择与之较近或定位精度较好的基准站信息,“虚拟”出一个参考站;然后根据各基准站上误差信息,通过一定的数学模型内插出该虚拟站的误差,将虚拟出的流动站改正数据播发给流动站,这样虚拟参考站的位置通常是在移动站真实位置的周围 5m 范围内,保证了虚拟参考站与流动站误差的相关性。

2)虚拟参考站双差改正值的计算方法

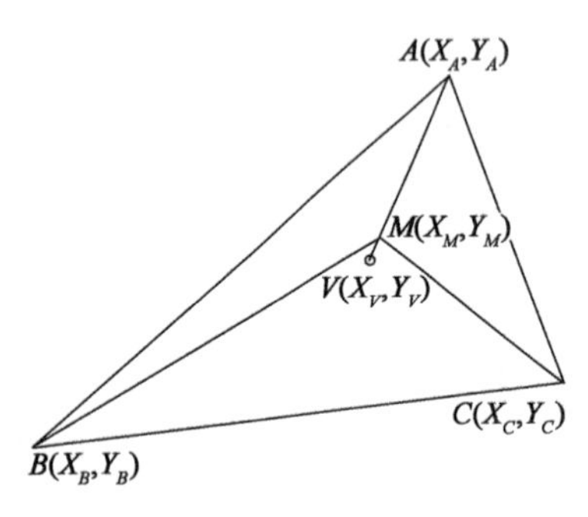

图 2-20 虚拟参考站示意

GPS 载波相位双差观测值是 GPS 相对定位的主要解算方式,可以通过差分观测值确定基准站与流动站间的基线向量。

站星双差观测值可将卫星钟差和接收机钟差引起的站星距离差消除掉,如图 2-20 所示。图 2-20 中,A、B 和 C 为基准站位置,M 为流动站位置,首先在 A、B 两基准站间作一次差后再在卫星 i 和卫星 j 间作二次差的双差观测方程为:

$$\lambda \cdot (\nabla\Delta\Phi_{AB}^{ij} + \nabla\Delta N_{AB}^{ij}) = \nabla\Delta\rho_{AB}^{ij} - \nabla\Delta I_{AB}^{ij} - \nabla\Delta T_{AB}^{ij} - \nabla\Delta\varepsilon_{AB}^{ij} \tag{2-37}$$

式中,$\nabla\Delta$ 为双差算子;Φ 为不足整周的载波相位观测值;N 为整周模糊度与整周计数之和;ρ 为卫星至测站间的几何距离;I 为电离层引起的测距误差;T 为对流层引起的测距误差;ε 为卫星星历误差引起的站星距离差。式(2-37)可改写为:

$$\nabla\Delta R_{AB}^{ij} = \lambda \cdot (\nabla\Delta\Phi_{AB}^{ij} + \nabla\Delta N_{AB}^{ij}) - \nabla\Delta\rho_{AB}^{ij} \tag{2-38}$$

式中，$\nabla\Delta R_{AB}^{ij}$为A、B两基准站间的双差观测值综合改正数，包含GPS的轨道误差和电离层、对流层等大气折射引起的误差。

同理，A、C两基准站间的双差观测值综合改正数可写为：

$$\nabla\Delta R_{AC}^{ij} = \lambda \cdot (\nabla\Delta\Phi_{AC}^{ij} + \nabla\Delta N_{AC}^{ij}) - \nabla\Delta\rho_{AC}^{ij} \tag{2-39}$$

$\nabla\Delta R_{AB}^{ij}$和$\nabla\Delta R_{AC}^{ij}$可分别由A、B两基准站和A、C两基准站精确的站坐标进行估计。流动站M附近虚拟参考站P处的双差观测值综合改正数可由式(2-40)计算。

$$\nabla\Delta R_{AP}^{ij} = (X_P - X_A \quad Y_P - Y_A)\begin{pmatrix} X_B - X_A & Y_B - Y_A \\ X_C - X_A & Y_C - Y_A \end{pmatrix}\begin{pmatrix} \nabla\Delta R_{AB}^{ij} \\ \nabla\Delta R_{AC}^{ij} \end{pmatrix} \tag{2-40}$$

由于虚拟参考站的位置根据单点定位技术计算，点P在观测点M周围10m左右，两点的双差观测值综合改正数具有强相关性。

3）区域改正数技术（FKP）

区域改正数法利用GPS基准站观测数据，主要是相位观测值和伪距观测值，以及基准站已知坐标等数据，计算得到基准网范围内与时间或空间相关的误差改正数模型；然后利用测量点的近似坐标内插出测量点的误差改正数，将其应用到观测值中，从而消除各种与时间空间有关的误差，提高定位结果的精度。

4）主辅站技术（MAC）

主辅站技术是选择距离流动站最近的一个参考站作为主站，一定半径范围内至少有两个其他有效的参考站作为辅站，主站和辅站自动组成一个单位进行网解，发送主参考站的全部改正数及坐标信息，对于辅参考站只播发相对于主参考站的差分改正数和坐标差，对流动站进行加权改正，得到精确坐标。

2.8.3　基于CORS网络RTK的测量精度实验与分析

利用两个实验研究SDCORS网络RTK中不同仪器安置方式的精度及测量精度的时间变化，实验选用中海达V10 GPS接收机，选取的观测地点地势平坦，视野开阔，卫星信号较好，观测地点与最近的三个基准站距离分别约为27km、45km和30km。

1）仪器安置方式对测量结果的影响

第一个实验是基于SDCORS系统的网络RTK平面和高程控制测量精度对比，主要针对使用对中杆和三脚架两种方式架设GPS接收机对测量精度的影响进行实验，实验选用两台中海达V10 GPS接收机，观测时间为下午14:00～17:00，测站净空开阔，天气晴朗。

将 GPS 接收机分别用对中杆和三脚架安置进行观测，同样每次观测 30min，每分钟采集一个点坐标数据。将观测结果的平均值作为真值的估值，对不同的安置方式测量的平面坐标和高程结果的方差进行估计。统计结果列于表 2-8。

不同的仪器安置方式观测精度统计结果（单位：m） 表 2-8

测量方式	比较坐标	测量次数	最大值	最小值	标准差
对中杆	坐标 X	30	0.0191	-0.0249	0.0108
	坐标 Y	30	0.0198	-0.0175	0.0097
	高程 H	30	0.0336	-0.0352	0.0157
三脚架	坐标 X	30	0.0196	-0.009	0.0072
	坐标 Y	30	0.0138	-0.0086	0.0052
	高程 H	30	0.0463	-0.0449	0.0188

从平面坐标和高程测量的统计结果来看，利用三脚架安置仪器平面测量精度为 0.0089m，利用对中杆平面测量精度为 0.0145m，三脚架安置仪器较对中杆安置仪器精度有明显的提高，建议在利用网络 RTK 进行平面控制测量时使用三脚架安置仪器。对于高程测量来说，两种安置仪器的方式对测量精度没有大的区别。从平面坐标和高程测量的精度对比来看，网络 RTK 平面坐标的测量精度明显高于高程的测量精度。

2）测量结果的时间序列精度分析

GPS 信号在电离层中的延迟，与其传播路径上的电子总量有关，电离层中的电子密度随太阳黑子的活动、地理位置的不同、季节的变化及时间（如白天与晚上）的差异而产生变化，白天电离层中的中性气体分子在太阳光的照射下逐渐电离，电子数量增加，下午 14 时左右达到最大值，夜晚电子含量较为稳定。

第二个实验针对基于 SDCORS 的网络 RTK 控制测量精度随时间的变化进行实验，自 5:30开始在所选站点以三脚架安置 GPS 接收机，观测至 22:00 结束，共进行 16.5h 的连续观测，每 10min 记录一组观测数据，共获得 100 组观测数据。100 组观测值平面坐标、高程与其平均值的差值如图 2-21 ~ 图 2-23 所示。

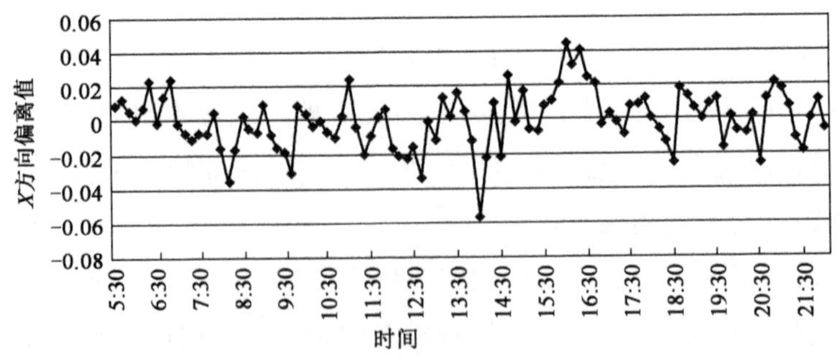

图 2-21 网络 RTK 时间序列观测值坐标 X 与平均值的差值

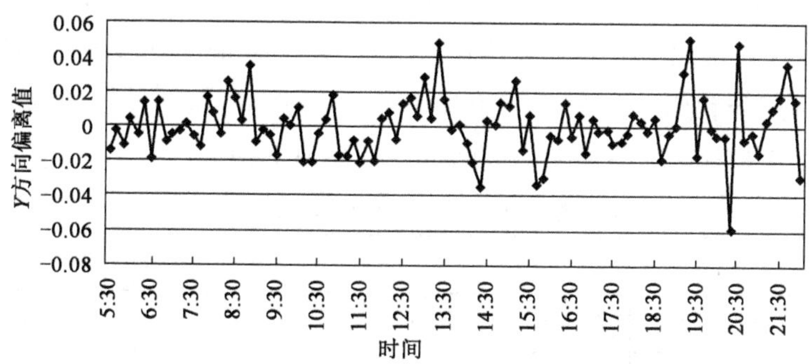

图 2-22 网络 RTK 时间序列观测值坐标 Y 与平均值的差值

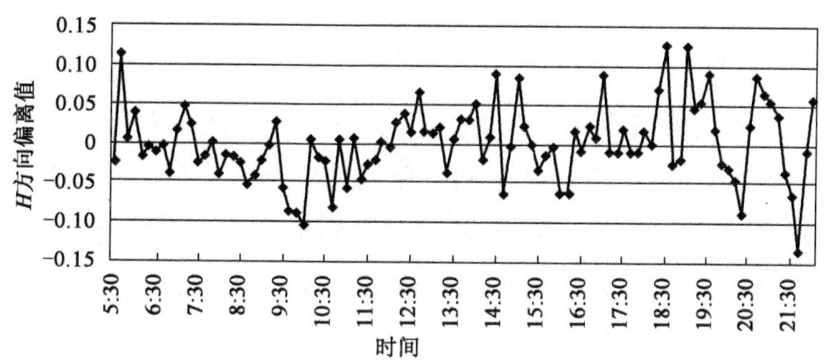

图 2-23 网络 RTK 时间序列观测值大地高 H 与平均值的差值

根据图 2-21 ~ 图 2-23，网络 RTK 测量得到的坐标及高程与其平均值的差值的最大值均出现在下午，说明上午是观测的有利时间段。对于高程测量，上午 7:30 ~ 11:30 四个小时的时段内，大部分观测高程小于平均值，说明相近历元的观测误差具有相关性，短时间段测量结果偏向同一方向。

将观测结果的平均值作为真值的估值，分别对平面坐标和高程的方差进行估计。统计结果列于表 2-9。

GPS 网络 RTK 时间序列观测精度统计结果(单位:m) 表 2-9

点　位	测量次数	最大值	最小值	标准差
X	100	0.0452	-0.0568	0.0163
Y	100	0.0500	-0.0590	0.0175
H	100	0.1250	-0.1346	0.0482

从表 2-9 的统计来看，基于 SDCORS 系统进行网络 RTK 平面测量的总体精度优于 0.025m，高程测量的精度优于 0.050m，高程测量明显低于平面测量的精度。长时间段观测

序列结果的统计精度低于短时间段观测结果的统计精度，再次说明网络 RTK 相近历元的观测误差具有相关性，在应用 CORS 进行控制测量时，如果有条件，最好在不同时间段多次测量取平均，这样可充分利用不同的空间卫星及其几何分布，提高成果质量。100 组观测值中，平面坐标和高程与其平均值差值的区间统计结果列于表 2-10。

GPS 网络 RTK 时间序列观测误差区间统计 表 2-10

差值区间	*X*		*Y*		*H*	
	点个数	百分比(%)	点个数	百分比(%)	点个数	百分比(%)
0.140 ~ 0.100	0	0	0	0	5	5
0.100 ~ 0.050	1	1	2	2	23	23
0.050 ~ 0.020	20	20	17	17	34	34
0.020 ~ 0.000	79	79	81	81	38	38

从误差区间的统计结果来看，在 100 组观测值中，3 个点的平面坐标偏差大于 0.050m，5 个点的高程偏差大于 0.100m。说明网络 RTK 测量过程偶有大误差测量结果出现，测量的稳定性主要受移动站周围环境、卫星空间分布、参考站距离和接收机性能等因素影响。使用网络 RTK 进行控制测量时，建议多采集几次观测数据进行成果检核，最大可能地提高成果精度。

3）CORS 网络 RTK 的测量精度结论

（1）网络 RTK 测量平面坐标的精度明显高于高程的精度，应用网络 RTK 进行平面控制测量时建议使用三脚架安置 GPS 接收机。若仅进行高程控制测量，利用三脚架或对中杆安置 GPS 接收机对大地高程测量精度几乎没有影响。

（2）网络 RTK 测量的稳定性受多种因素影响，偶有大误差测量结果出现。网络 RTK 进行控制测量应取多次观测结果进行成果检核，可有效提高观测结果的精度与可靠性。

（3）网络 RTK 测量相近历元的观测误差具有相关性，在应用 CORS 进行控制测量时，如果有条件，最好对不同时间段多次测量的结果进行平均，这样可充分利用不同的空间卫星及其几何分布。

2.8.4 CORS 系统定位精度与应用

CORS 系统的定位精度除受到信号传播误差、轨道误差、卫星钟差、接收机钟差以及多路径效应的影响外，还受到定位参考框架的选择、参考站坐标解算过程中 IGS 跟踪站的选取、流动站在参考站网中的位置、观测时段及卫星分布情况、系统定位算法的优劣等影响。山东省连续运行卫星定位服务综合系统（SDCORS）的主要技术及精度指标如表 2-11 所示。

SDCORS 的主要技术及精度指标　　表 2-11

项　　目	主要技术及精度指标
信号覆盖范围	基准站网构成的图形以内,以及周围 20km 以内
网络 RTK	水平精度优于 0.030m;高程精度优于 0.050m
后处理精密相对定位	水平精度优于 0.005m;高程精度优于 0.010m
变形监测	水平精度优于 0.005m;高程精度优于 0.010m
导航	水平精度优于 2.0m;垂直精度优于 3.0m
定时	单机定时精度优于 100ns;多机同步定时精度优于 10ns
动态参考基准	地心坐标绝对精度优于 0.1m;基线向量的相对坐标精度优于 0.03×10^{-8}
用户容量	实时用户无数量限制;后处理用户无数量限制

网络 RTK 可实时测量平面坐标和大地高,通过四参数坐标转换得到满足具体工程需要的平面坐标,且可在获得观测点位高程异常后,将大地高转换为正常高,满足工程测量中对高程的需要。精度要求较高的高等级控制测量可利用后处理静态定位模式,即将测区周围基准站数据与测区 GPS 点静态测量数据组成静态网,利用软件进行基线处理、网平差及坐标转换,得到更高精度控制点成果。

2.8.5　CORS 系统应用中的几个问题

(1) CORS 系统一般采用的坐标系统是国家 CGCS2000(或 WGS-84)坐标系统;需要 1980 年西安坐标系或 1954 年北京坐标系坐标可在已知点上采集已知点的 2000 坐标,再进行点校正,或在整个测区利用均匀且足够(至少三点)的已知点,使用已知点的 2000 坐标(或 WGS-84 坐标)与 1980 年西安坐标系或 1954 年北京坐标系坐标求取七参数,进行坐标转换。

(2)网络 RTK 作业主要通过通信网络与 CORS 中心进行数据交换,通信网络的状态直接影响到网络 RTK 作业的效率,且在作业过程中移动站周围环境、PDOP 值、卫星信噪比、参考站距离和接收机性能等都会影响成果的可靠性。

由于通信网络问题导致网络 RTK 长时间无法固定的时候,用户可在测点按 1s 采样率记录不少于 5min 的原始观测数据,采用静态或动态后处理的方法来进行补救(在周围条件稍差的地区单星设备固定较慢,双星的设备优势较明显)。

(3)网络 RTK 长时间处于浮动解或单点解时,一般受到点位观测环境(如遮挡、干扰、多路径),通信网络(包括延迟大、不稳定),GPS 卫星状况(PDOP 值大、公共卫星数少)等因素影响。

(4)当测区周边有较大的电磁场干扰源,通信信号弱或卫星分布情况很差时,网络 RTK 可能会偶尔出现“伪固定”的现象,即出现三维特别是高程方向上较大的偏差,这种情况下用户务必要多测几次来进行成果检核。

(5)使用网络 RTK 布设图根点时,应使用脚架,并严格对中整平,精确量取天线高。第二次固定后再记录,避免初次固定解解算整周模糊度出现的错误。观测两个测回,观察两次互差,当互差在限差范围内时,采用两次记录的均值作为图根点的终值。

CORS 系统的建立,实现了动态的、高精度的、实时的、无级别的测量方式,用户只需一台 GNSS 接收机即可进行毫米级、厘米级、分米级、米级的实时、准实时的快速定位或事后定位,全天候地支持各种类型的测量、定位、变形监测和放样作业。目前我国 CORS 系统仍存在建设利用单一、资源共享难等问题,随着卫星导航定位(GPS、GLONASS、GALILEO 等),数字通信,有线及无线网络等技术的发展,CORS 必然在测绘、交通导航、气象辅助预报、规划建设、地震监测等领域发挥更重要的作用。

第3章　GPS高程测量理论与方法

随着GPS技术在测绘领域的广泛应用,GPS测量在平面控制方面发挥了巨大作用,工程测量中的高程控制仍沿用传统的水准测量方法,这是因为GPS技术获得的高程信息是相对于WGS-84椭球的大地高,而我国的法定高程系统是以似大地水准面为基准的正常高。利用合适的拟合方法,将GPS大地高转换为正常高,在工程应用中具有重要的意义。

3.1　高程系统及相互关系

3.1.1　大地高

大地高是以参考椭球面为基准的高程系统,地面点的大地高定义为由地面点沿过该点的椭球法线到参考椭球面的距离。大地高高程是一个几何量,不具有物理意义,不同定义的椭球大地坐标系,也构成不同的大地高程系统。GPS定位测量获得的是WGS-84椭球大地坐标系中的成果,是相对于WGS-84椭球的大地高高程。椭球面和(似)大地水准面的关系如图3-1所示。

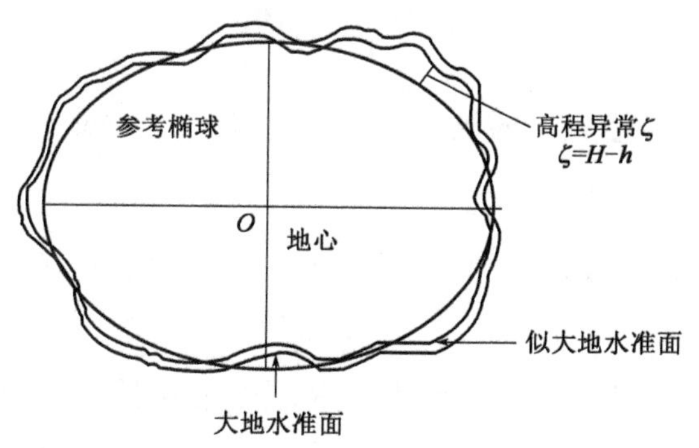

图3-1　椭球面和(似)大地水准面的关系

3.1.2　正高

水准测量是求得高差的主要方法,水准测量测定的高差Δh是以水准仪的视线(过视准轴的水准面的切线）为依据的，由于水准面之间的不平行性，水准测量所测得的高差随着水准路线的不同而不同，也就是说几何水准高差是多值的，必须加入水准面不平行性的改正才能将它化为唯一的数值，即正高。

正高系统是以大地水准面为基准的高程系统，地面点的正高 H_g 定义为由地面点沿铅垂线至大地水准面的距离。大地水准面是一簇重力等位面中最接近平均海水面的一个，由于水准面之间的不平行性，所以过一点并与水准面相垂直的铅垂线实际是一条曲线。正高的计算公式为：

$$H_g = \frac{1}{g_m}\int g\mathrm{d}H \tag{3-1}$$

式中，$\int g\mathrm{d}H$ 为水准原点和地面观测点之间的位差；g_m 为由地面点沿铅垂线至大地水准面的平均重力加速度。

由于 g_m 与地壳密度有关，必须假定地壳密度，才可以近似求得，g_m 无法直接测定，所以从严格意义上说，正高是不能精确确定的，它具有明确的物理意义。大地高 H 可以分解为正高 H_g 和大地水准面差距 N 两部分，即：

$$H = H_g + N \tag{3-2}$$

式中，正高 H_g 为地面至大地水准面的距离；N 为大地水准面差距，是大地水准面到参考椭球体的距离。

3.1.3 正常高

由于正高无法精确确定，为了使用方便，建立了正常高系统，其定义为：

$$H_r = \frac{1}{r_m}\int g\mathrm{d}H \tag{3-3}$$

式中，$\int g\mathrm{d}H$ 为水准原点和地面观测点之间的位差；r_m 为由地面点沿铅垂线至似大地水准面之间的平均正常重力值。

r_m 可以精确求得，所以正常高是可以精确确定的，现在我国国家高程系统采用正常高系统。

大地水准面和似大地水准面在海洋面上是重合的，在平原地区相差几厘米，在山区理论上最大差可近4m（在青藏高原地区）。大地高 H 还可以分解为正常高 H_γ 和高程异常 ξ 两部分，即：

$$H = H_\gamma + \xi \tag{3-4}$$

式中，H_γ 为正常高，是地面点至似大地水准面的距离；ξ 为高程异常，是似大地水准面至参考椭球体的距离。

大地高与正常高和正高的关系如图 3-2 所示。

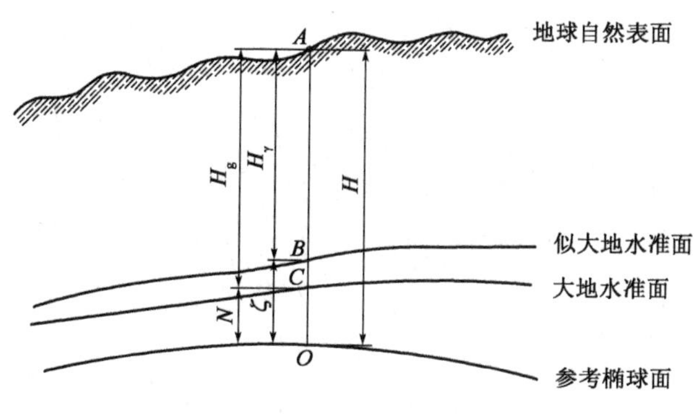

图 3-2 高程系统及相互关系

3.1.4 地区力高

若将正常高应用于同一个重力位水准面上的两点 A 和 B，由于 r_m^A 不等于 r_m^B，所以同一重力位水准面上的正常高是不相等的。其差值在大范围内可能达到较大的数值而超过测量限差，给工程建设带来不便，为解决这个矛盾，可以采用地区力高系统，力高系统定义为：

$$H_d = \frac{1}{\gamma_\varphi}\int g\mathrm{d}H \tag{3-5}$$

式中，γ_φ 为测量地区的平均纬度或纬度 45°处的正常重力。

由于 γ_φ 是常数，所以同一重力位水准面上力高处处相等。

用地面上的水准测量和重力测量数据可以求得两点间的重力位差，用重力位差除以不同类型的重力就得到不同的高程，对于高精度、大范围的水准测量来说，不配以重力数据的高差是没有意义的。

GPS 测量获得的高程是相对于椭球面的大地高，而我国的法定高程系统是以似大地水准面为基准的正常高。将 GPS 大地高转换为正常高的关键在于得到 GPS 观测点的高程异常。目前主要通过高程异常等值线图法、重力场模型法和曲面拟合法等几种方法确定高程异常。

3.2 GPS 高程测量的高程异常等值线图法

等值线图法是利用区域高程异常控制点，绘制高程异常等值线图，通过图上量取与内插获得 GPS 观测点的高程异常，然后采用式(3-4)的关系计算 GPS 观测点正常高，这种方法与从等高线图上内插计算地面点高程的方法相类似，其精度受到高程异常等值线图的精度和图上量取精度影响,一般精度较差,是一种粗略的 GPS 高程的测量方法。图 3-3 所示为某区域高程异常等值线示意图,图中数据进行了技术处理,不可直接引用。

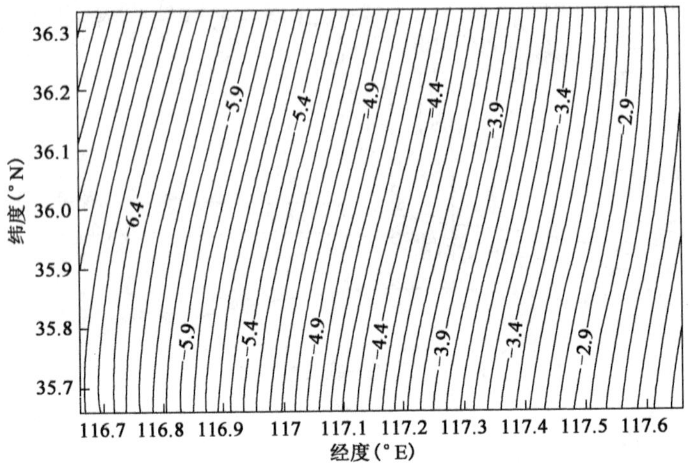

图 3-3　高程异常等值线图

3.3　地球重力场模型法

重力场任何场元(如重力异常和高程异常等)都是扰动位的泛函,都可对扰动位进行相应的运算得到,扰动位可由地球重力场模型的球谐展开式参数计算。根据广义布隆斯(Bruns)公式,地球表面上任一点 $A(\rho,\theta,\lambda)$ 的高程异常 ζ 为:

$$\zeta = \frac{T_A - (W_0 - U_0)}{\gamma} \tag{3-6}$$

式中,扰动位 T_A 为地面点 A 的重力位 W_A 与正常位 U_A 之差;W_0 为(似)大地水准面上的重力位;U_0 为椭球面的正常位;γ 为点 A 的正常重力值。

根据参考椭球参数和大地坐标可以计算椭球面的正常位 U_0、点 A 的正常位 U_A 和正常重力值 γ,选取(似)大地水准面的重力位等于椭球面的正常位。则式(3-6)变为:

$$\zeta = \frac{T_A}{\gamma} = \frac{W_A - U_A}{\gamma} \tag{3-7}$$

求地面任一点 A 的重力位 W_A 的地球引力位的级数式为:

$$W_{(\rho,\theta,\lambda)} = \frac{fM}{\rho}\left[1 - \sum_{n=2}^{\infty}\sum_{k=0}^{n}\left(\frac{a}{\rho}\right)^n(\overline{C}_{nk}\cos k\lambda + \overline{S}_{nk}\sin k\lambda)\overline{P}_{nk}(\cos\theta)\right] \tag{3-8}$$

式中,ρ 为矢径;θ 为极距;λ 为地心经度;fM 为地球引力常数;$\overline{P}_{nk}(\cos\theta)$ 为完全规格化的伴随勒让德多项式,$\overline{C}_{nk}$ 和 $\overline{S}_{nk}$ 为完全规格化的球谐系数。

现在可用的重力场模型较多,其中 EGM96 重力场模型是应用较广泛的模型。EGM96 重力场模型是 1996 年美国国家宇航局利用卫星跟踪数据、海洋卫星测高观测值以及各国的地面重力观测数据联合计算的 360 阶全球重力场模型,空间分辨率精细到 55km。表 3-1 所列为 EGM96 重力场模型的前 5 阶次的位系数。

EGM96 重力场模型的前 5 阶次的位系数 表 3-1

n	k	C_{nk}	S_{nk}
2	0	$-0.484165371736\times10^{-3}$	0.000000000000
2	1	$-0.186987635955\times10^{-9}$	$0.119528012031\times10^{-8}$
2	2	$0.243914352398\times10^{-5}$	$-0.140016683654\times10^{-5}$
3	0	$0.957254173792\times10^{-6}$	0.000000000000
3	1	$0.202998882184\times10^{-5}$	$0.248513158716\times10^{-6}$
3	2	$0.904627768605\times10^{-6}$	$-0.619025944205\times10^{-6}$
3	3	$0.721072657057\times10^{-6}$	$0.141435626958\times10^{-5}$
4	0	$0.539873863789\times10^{-6}$	0.000000000000
4	1	$-0.536321616971\times10^{-6}$	$-0.473440265853\times10^{-6}$
4	2	$0.350694105785\times10^{-6}$	$0.662671572540\times10^{-6}$
4	3	$0.990771803829\times10^{-6}$	$-0.200928369177\times10^{-6}$
4	4	$-0.188560802735\times10^{-6}$	$0.308853169333\times10^{-6}$
5	0	$0.685323475630\times10^{-7}$	0.000000000000
5	1	$-0.621012128528\times10^{-7}$	$-0.944226127525\times10^{-7}$
5	2	$0.652438297612\times10^{-6}$	$-0.323349612668\times10^{-6}$
5	3	$-0.451955406071\times10^{-6}$	$-0.214847190624\times10^{-6}$
5	4	$-0.295301647654\times10^{-6}$	$0.496658876769\times10^{-7}$
5	5	$0.174971983203\times10^{-6}$	$-0.669384278219\times10^{-6}$

2008 年 4 月,美国国家地理空间情报局在充分利用 GRACE 卫星跟踪数据、卫星测高数据和地面重力数据等最新数据的基础上,发布新一代重力场模型 EGM2008。EGM2008 重力场模型完全至 2159 阶次(另外球谐系数的阶扩展至 2190),相当于模型的空间分辨率约为 9km,因此无论在精度方面还是分辨率方面均取得了巨大的进步。

3.4 GPS 高程测量的曲面拟合法

3.4.1 曲面拟合法原理

如果一个区域内部分 GPS 控制网点上进行了水准测量,在这些点既有 WGS-84 大地高,也有正常高，可依据式(3-4)的关系计算高程异常ζ，作为GPS/水准控制点，将这些点上的高程异常ζ(或减去重力场模型高程异常的高程异常残差$\Delta\zeta$)视为“观测值”，利用曲面拟合法计算其余GPS/水准点的高程异常(或残差)，假设区域内高程异常(或残差)与大地坐标之间存在如下数学模型：

$$\zeta_i = a_0 + a_1 B_i + a_2 L_i + a_3 B_i^2 + \cdots + a_9 L_i^3 \quad (i = 1,2,\cdots,17) \tag{3-9}$$

式中，$a_0, a_1, a_2, a_3, a_4, a_5, \cdots$为多项式系数。

误差方程式形式为：

$$v_i = a_0 + a_1 B_i + a_2 L_i + a_3 B_i^2 + \cdots + a_9 L_i^3 - \Delta\zeta_i \quad (i = 1,2,\cdots,17) \tag{3-10}$$

写为矩阵形式为：

$$V = AX - \Delta\zeta \tag{3-11}$$

式中，$V = \begin{bmatrix} v_1 \\ v_2 \\ \vdots \\ v_{17} \end{bmatrix}$；$A = \begin{bmatrix} a_1 \\ a_2 \\ \vdots \\ a_9 \end{bmatrix}$；$X = \begin{bmatrix} 1 & B_1 & L_1 & \cdots & L_1^3 \\ 1 & B_2 & L_2 & \cdots & L_2^3 \\ \vdots & \vdots & \vdots & \vdots & \vdots \\ 1 & B_{17} & L_{17} & \cdots & L_{17}^3 \end{bmatrix}$；$\Delta\zeta = \begin{bmatrix} \Delta\zeta_1 \\ \Delta\zeta_2 \\ \vdots \\ \Delta\zeta_{17} \end{bmatrix}$。

根据最小二乘原理$V^{\mathrm{T}}PV = \min$求解拟合方程系数，可得：

$$A = (X^{\mathrm{T}}PX)^{-1}X^{\mathrm{T}}P\zeta \tag{3-12}$$

式中，P为高程异常(或残差)的权阵。

P与GPS和水准观测精度有关，如果所有GPS/水准点均为等精度观测，则P为单位阵。利用计算得到的曲面拟合系数可按式(3-9)计算区域内任意一点的高程异常(或残差)，利用待定高程点的高程异常与GPS观测得到的大地高可以计算GPS观测点的正常高。

3.4.2 曲面拟合法计算GPS高程实例

某区域进行了C级GPS控制网的布设，该区域地形比较平坦，没有大的起伏，面积约为8000km^2。在该区域内共布设C级GPS网点81点，点间平均距离为10km。C级GPS网采用双频GPS接收机施测，作业方式为经典静态相对定位测量模式。卫星截止高度角为10°，采样间隔为15s，每个点位均观测两个时段共6h以上，控制网在WGS-84下无约束平差，点位中误差的数量级为毫米级。每个C级GPS点均以三等精度进行了水准观测，高程系统采用1985国家高程基准。平差后最大高程中误差为±0.023m。图3-4为GPS网点位示意图。

选取网内均匀分布的17个点(003、006、011、014、019、021、025、030、040、042、044、049、058、059、062、068和073)为已知GPS高程计算控制点，即GPS/水准点。在17个高程起算点上计算结果如表3-2所示。

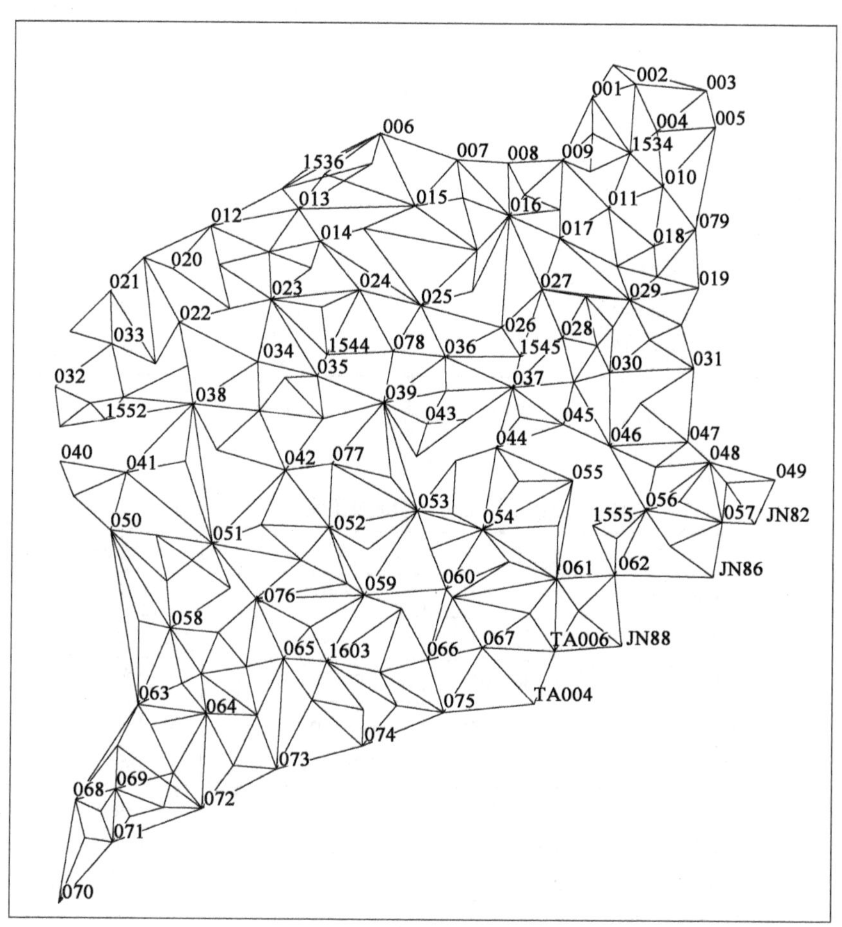

图 3-4　GPS 网点点位示意图

17 个 GPS/水准点坐标和高程(单位:m)　　表 3-2

点　名	坐　标 X	坐　标 Y	正　常　高	大　地　高
SC003	242180.591	106509.300	24.463	12.5736
SC006	235187.45	58580.380	34.144	20.2595
SC011	223552.272	92170.498	28.105	15.7206
SC014	218169.812	49777.641	33.960	19.8176
SC019	211035.322	105583.020	26.023	14.4161
SC021	210039.159	18734.085	35.949	20.6987
SC025	208069.233	64666.489	32.931	19.4425
SC030	197656.573	92507.469	28.239	16.1279
SC040	183060.208	11506.193	41.729	26.1800
SC042	181864.476	44937.121	34.720	20.5233

续上表

点　名	坐　标　X	坐　标　Y	正　常　高	大　地　高
SC044	185678.129	75884.265	31.802	19.0921
SC049	180784.202	117244.445	34.767	24.1161
SC058	156920.306	28005.676	39.587	24.6434
SC059	162226.044	56666.771	35.827	22.3356
SC062	165634.928	93486.262	34.822	23.1547
SC068	129749.657	14154.311	44.805	29.2769
SC073	134824.322	43967.471	42.744	28.6293

利用二次曲面拟合计算 GPS 控制网其他点的高程异常，并计算正常高，结果如表 3-3 所示。

二次曲面拟合计算 GPS 控制网正常高(单位:m)　　表 3-3

点　名	坐　标　X	坐　标　Y	水准高程	计算高程	高　程　差
C006	153586.677	84701.889	43.937	43.979	-0.042
SCO01	241004.429	89626.589	25.483	25.602	-0.119
SCO02	243177.961	96046.766	25.095	25.205	-0.11
SCO03	242180.591	106509.300	24.463	24.514	-0.051
SCO04	235703.812	99328.942	26.429	26.485	-0.056
SCO05	236437.854	107955.628	24.409	24.376	0.033
SCO06	235187.450	58580.380	34.144	34.122	0.022
SCO07	231010.113	69865.592	30.776	30.793	-0.017
SCO08	230600.734	77304.006	30.995	31.057	-0.062
SCO09	231052.990	85373.690	27.251	27.298	-0.047
SCO10	227080.482	100215.911	25.412	25.376	0.036
SCO11	223552.272	92170.498	28.105	28.087	0.018
SCO12	220409.397	33563.826	36.78	36.773	0.007
SCO13	223162.121	46626.601	34.45	34.406	0.044
SCO14	218169.812	49777.641	33.96	33.937	0.023
SCO15	223720.811	63766.142	32.238	32.221	0.017
SCO16	222308.267	77533.925	28.54	28.575	-0.035
SCO17	218802.093	85034.106	28.121	28.106	0.015
SCO18	217588.730	98983.720	29.128	29.072	0.056
SCO19	211035.322	105583.020	26.023	26.012	0.011
SCO20	213646.790	27995.330	37.553	37.578	-0.025
SCO21	210039.159	18734.085	35.949	35.978	-0.029
SCO22	205196.985	28967.577	39.137	39.138	-0.001

续上表

点　名	坐　标 X	坐　标 Y	水准高程	计算高程	高程差
SC023	208864.412	42628.614	35.868	35.826	0.042
SC024	210439.513	55673.172	32.773	32.782	-0.009
SC025	208069.233	64666.489	32.931	32.891	0.04
SC026	204641.531	76541.612	31.019	31.062	-0.043
SC027	210685.344	82474.150	29.161	29.14	0.021
SC028	203111.210	85500.120	30.361	30.388	-0.027
SC029	209079.682	95414.037	27.188	27.137	0.051
SC030	197656.573	92507.469	28.239	28.211	0.028
SC031	198365.736	104926.569	27.259	27.197	0.062
SC032	194906.975	10670.304	39.186	39.223	-0.037
SC033	201710.815	18990.481	39.36	39.388	-0.028
SC034	199023.282	40685.992	36.288	36.236	0.052
SC035	196847.430	49545.440	35.051	34.996	0.055
SC036	200012.915	68316.437	31.824	31.76	0.064
SC037	195244.790	78206.210	30.937	30.984	-0.047
SC040	183060.208	11506.193	41.729	41.751	-0.022
SC041	181374.803	21276.609	39.658	39.734	-0.076
SC042	181864.476	44937.121	34.72	34.705	0.015
SC043	189332.110	65685.257	32.233	32.174	0.059
SC044	185678.129	75884.265	31.802	31.871	-0.069
SC045	189349.481	85740.539	30.427	30.452	-0.025
SC046	185994.504	92609.210	30.55	30.465	0.085
SC047	186685.714	104120.362	29.91	29.789	0.121
SC048	183501.455	107484.222	30.462	30.442	0.02
SC049	180784.202	117244.445	34.767	34.721	0.046
SC051	170256.222	34128.677	38.555	38.551	0.004
SC052	172942.057	51458.888	36.011	35.996	0.015
SC053	175616.560	64382.732	33.642	33.661	-0.019
SC055	180519.660	87134.370	32.827	32.882	-0.055
SC056	175923.470	98068.190	33.849	33.843	0.006
SC057	174056.076	109485.574	35.783	35.716	0.067
SC058	156920.306	28005.676	39.587	39.53	0.057
SC059	162226.044	56666.771	35.827	35.895	-0.068
SC060	163317.220	68677.610	35.989	36.057	-0.068

续上表

点　名	坐 标 X	坐 标 Y	水准高程	计算高程	高 程 差
SC061	164969.873	84902.632	34.765	34.807	-0.042
SC062	165634.928	93486.262	34.822	34.864	-0.042
SC063	144794.674	23321.087	41.771	41.748	0.023
SC064	143473.325	33441.100	40.098	40.053	0.045
SC065	152261.360	44858.140	38.05	38.085	-0.035
SC066	152181.033	66101.186	38.016	37.978	0.038
SC067	154120.748	74017.783	37.028	37.017	0.011
SC068	129749.657	14154.311	44.805	44.813	-0.008
SC069	131537.920	20088.920	44.7	44.703	-0.003
SC071	123074.375	19649.430	45.265	45.238	0.027
SC072	128539.445	32897.619	44.904	44.926	-0.022
SC073	134824.322	43967.471	42.744	42.715	0.029
SC074	138489.990	56537.146	41.798	41.747	0.051
SC076	161621.916	40719.036	37.008	36.962	0.046
SC077	182982.310	51826.225	35.512	35.455	0.057
SC078	200784.424	60663.921	32.752	32.683	0.069
SC079	220315.235	105037.941	24.878	24.847	0.031

通过比较可以看出,在地势较为平坦的地区,利用密度适宜、分布均匀的已知高程异常点,选择合适的拟合方法,计算高程异常的精度可达厘米级,可以达到四等及四等以下几何水准测量的精度要求。在GPS/水准点的数量和GPS/水准观测质量没有明显改善的情况下,提高拟合多项式的次数并不能提高拟合高程异常的精度。

3.4.3　基于移去-恢复法的曲面拟合实例

采用移去-恢复法进行GPS高程计算时,需要利用适合本地区的高阶全球重力场模型。本节研究采用EGM96和EIGEN-CG01两个重力场模型作为参考场模型进行计算,其中EIGEN-CG01C是德国地球科学中心最新推出的360阶重力场模型,它是采用GRACE和CHAMP卫星重力探测数据、卫星测高数据和地面重力测量数据联合解算得到的全球重力场模型。EGM96重力场模型是美国国家宇航局利用卫星跟踪数据、海洋卫星测高观测值以及各国的地面重力观测数据联合计算的360阶全球重力场模型。

选取某山区C级GPS控制网数据进行计算分析,该区域最高海拔大于1500m,相对高度1400m,区域内大部分为山区地形。GPS控制网共有51个GPS/水准点可以利用。GPS/水准点分布如图3-5所示。

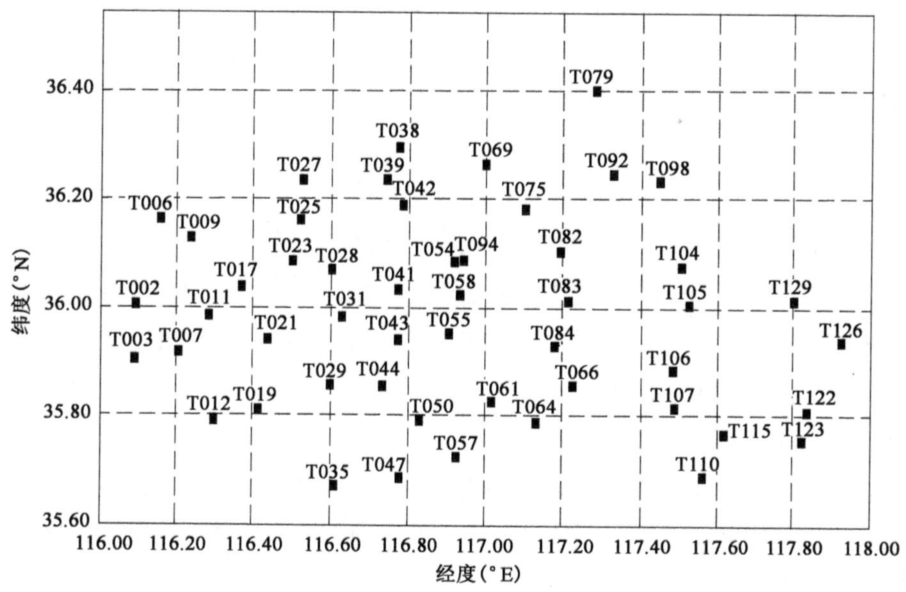

图 3-5 GPS/水准点分布图

选取 C 级 GPS 网中均匀分布的 TA003、TA009、TA012、TA023、TA027、TA029、TA038、TA042、TA057、TA058、TA069、TA084、TA092、TA104、TA110、TA123 和 TA126 共 17 个点作为 GPS/水准控制点，将这些点上的高程异常 ζ(或减去重力场模型高程异常的高程异常残差 $\Delta\zeta$)视为"观测值"，利用曲面拟合法计算其余 GPS/水准点的高程异常(或残差)。

利用三次曲面拟合法计算其余 GPS/水准点的高程异常，分别将直接拟合高程异常和顾及 EGM96 和 EIGEN-CG03C 模型的拟合高程异常与 GPS 观测大地高一起计算正常高，并和实测高程进行比较(TA035 和 TA079 三点计算高程与实测高程差别较大，比较结果中未进行统计)，比较的统计结果列于表 3-4。

拟合高程与水准实测高程差统计结果(m) 表 3-4

计算方案	比较点个数	最大值	最小值	平均	均方差
曲面拟合	32	0.163	-0.248	-0.026	0.1066
顾及 EGM96 模型的拟合	32	0.136	-0.223	-0.019	0.0845
顾及 CG03C 模型的拟合	32	0.135	-0.228	-0.019	0.0832

从表 3-4 中的比较数据来看，在丘陵和山区，由于似大地水准面起伏较大，移去重力场模型高程异常，得到平滑度较高的残差高程异常场，进行曲面拟合，然后恢复模型高程异常，精度比直接拟合高程异常有明显提高，EGM96 和 CG03CB 模型均将 GPS 高程转换的精度提高 15% ~20% 左右。

3.4.4 GPS高程测量中应注意的几个问题

在地形变化较大的地区,GPS高程的拟合误差往往较大。在这种情况下,要提高地面点高程的拟合精度,应采取以下几项措施。

(1)综合利用测区其他方法确定的似大地水准面资料,尤其在山区和水准测量难以施测的地方,可以结合重力法进行高程异常的确定工作,从而改善模型的分辨率。

(2)大地高测定精度是影响GPS高程精度的主要因素之一,在GPS观测过程中,要合理选择点位,减弱多路径效应的影响,选择最佳的卫星分布,延长观测时间,并选用双频GPS接收机观测,有效地消除电离层折射的影响等;这一系列措施可提高GPS数据观测质量,从而获得高精度的大地高成果。

(3)提高联测几何水准的精度,尽量使用高等级水准来联测GPS点。

(4)考虑到似大地水准面与测区地形的密切相关性,对地形起伏较大的地区,应进行地形改正,以获得高精度的高程异常。

(5)根据测区的实际情况,适当的增加GPS/水准点的数量,并改善其分布,对含有不同趋势地形的大测区,可采取分区拟合计算的办法。

(6)为减少粗差对高程拟合结果的影响,高程拟合应选择多个拟合方案进行。对各方案拟合结果进行比较分析后,剔除影响拟合精度的粗差,选择最佳拟合结果作为最终成果。

3.5 区域似大地水准面精化

确定全球和区域(似)大地水准面是物理大地测量学要解决的主要问题之一,精化区域(似)大地水准面也是一个国家或地区建立现代高程基准的主要任务。将GPS技术与高精度、高分辨率(似)大地水准面模型相结合,就可以测定正(常)高,真正实现GPS技术在几何和物理意义上的三维定位功能。我国(似)大地水准面总体精度与国际先进水平相比还有相当大的差距,因为我国幅员辽阔,地形起伏很大,各省市经济发展很不平衡,重力场的变化也较复杂,特别是中西部地区重力场的短波成分很复杂,要全面实现厘米级(似)大地水准面的目标,还需长期的努力。

3.5.1 似大地水准面精化理论与方法

Molodensky边值问题是一个非线性自由边值问题,其中重力和重力位都是地球自然表面上的非线性函数,需要采用线性化方法建立线性边值条件。通过引入已知的似地球表面和正常重力位,将自由边值问题转化为固定边值问题,并应用Taylor级数展开取至一次项来解算扰动位。由于边界面(似地球表面)比较复杂,解算扰动位根据积分方程用逐次趋近法解算,Molodensky 球近似下的级数解可表示为:

$$\zeta = \zeta_0 + \zeta_1 + \zeta_2 + \cdots \tag{3-13}$$

式中:

$$\begin{cases} \zeta_0 = \dfrac{R}{4\pi\gamma}\iint_{\sigma} G_0 S(\varphi)\,\mathrm{d}\sigma \\ \zeta_1 = \dfrac{R}{4\pi\gamma}\iint_{\sigma} G_1 S(\varphi)\,\mathrm{d}\sigma \\ \zeta_2 = \dfrac{R}{4\pi\gamma}\iint_{\sigma} G_2 S(\varphi)\,\mathrm{d}\sigma - \dfrac{R^2}{2\gamma}\iint_{\sigma} \dfrac{(h - h_p)^2}{l_0^3} x_0\,\mathrm{d}\sigma \\ \cdots \end{cases} \tag{3-14}$$

式(3-14)中各项含义为:

$$\begin{cases} G_0 = \Delta g \\ G_1 = R^2\iint_{\sigma} \dfrac{(h - h_p)}{l_0^3} x_0\,\mathrm{d}\sigma \\ G_2 = R^2\iint_{\sigma} \dfrac{(h - h_p)}{l_0^3} x_1\,\mathrm{d}\sigma - \dfrac{3R}{4}\iint_{\sigma} \dfrac{(h - h_p)^2}{l_0^3} x_0\,\mathrm{d}\sigma + 2\pi x_0 \tan^2\beta \\ \cdots\cdots \end{cases} \tag{3-15}$$

3.5.2　似大地水准面精化的移去-恢复方法

计算似大地水准面要进行全球积分,这意味着每计算一点的高程异常就需要全球的重力数据,由于远区的重力异常只影响高程异常的长波项,远区的重力异常可用高精度的全球重力场位系数计算的模型重力异常代替。

移去-恢复技术是重力(似)大地水准面确定中广泛应用的技术,这种方法是利用重力场的可叠加性原理,分别处理不同波长成分的贡献。首先利用高阶地球重力场模型作为参考场,从观测重力异常中移去模型重力异常值,模型重力异常代表长波部分;再利用数字高程模型(DEM)移去地形起伏对重力观测影响的短波分量,将剩余的残差重力异常进行拟合推估,内插形成格网数据,应用残差重力异常进行拟合推估,内插形成格网数据,应用残差重力异常格网数据按 Stokes 公式和 Molodensky 公式计算残差大地水准面高和高程异常,重力(似)大地水准面结果为位模型(似)大地水准面高加上 DEM 数据和残差重力异常对(似)大地水准面的贡献。移去-恢复方法的实质是利用高分辨率的重力观测数据和数字高程模型(DEM)数据改进由位模型确定的(似)大地水准面,主要改进短波分量。

3.5.3 区域似大地准面精化数据

1)地球重力场模型

地球外部引力位是球外调和函数，同时是一个在无穷远处的正则函数，地球外部引力位可以用完全规格化的球谐函数级数形式表达，常用的全球重力场模型是 EIGEN-CG01C、EIGEN-CG03C 和 IGG05B、EGM96、EGM2008 重力场模型等。

2)格网化地面重力观测值

将地球表面重力点上的重力观测值归算成大地水准面上相应点的重力值，拟合内插形成格网数据。

3)数字高程模型(DEM)

数字高程模型(DEM)的误差在进行重力归化、格网化插值和计算 Molodensky 级数一阶项(似大地水准面确定)中将引起模型误差，DEM 引起高程异常的误差没有具体的计算公式，低分辨率的 DEM 损失部分高频信息，对于山区(似)大地水准面的计算应尽可能使用较高分辨率的 DEM，用于计算地形改正的 DEM 的分辨率应至少是要计算(似)大地水准面分辨率的 2 ~5 倍。

4)GPS/水准数据

我国法定的高程系统是正常高系统，参考面是似大地水准面，这个面相对参考椭球面的起伏为高程异常，高程异常是大地高与正常高的差异。GPS 基线向量经过网平差得到高精度的大地高程，再通过精密水准测量获得 GPS 网点的正常高程，这样就得到离散的 GPS/水准点作为高程异常控制点。

在组合法确定高精度、高分辨率(似)大地水准面的过程中，是将利用重力数据计算的高分辨率重力似大地水准面拟合到高精度、但分辨率较低的以 GPS/水准点为控制的似大地水准面上，形成可应用模型。

3.6 Stokes 边值问题和 Molodensky 边值问题

位理论的边值问题可分为内部和外部两种，位理论的外部边值问题就是在某一空间区域 τ 的边界面 σ 上已知函数值 $F(\sigma)$，而这些函数值与所求量之间又满足一定的边值条件，根据边界面上的函数值和边值条件，求出在外部空间是调和的、在无穷远处是正则的位函数。在地球形状和外部重力场的基本理论中，就是用外部边值问题求解地球外部重力场。

3.6.1 Stokes 边值问题

地球表面形状的不规则和内部密度分布不均匀导致地球外部重力场的复杂性，将重力位分为正常位和扰动位两部分，正常位可以用四个大地测量基本参数（a,J_2,M 和 ω）确定，因此是已知量，扰动位为微小量，起修正作用，研究地球形状和外部重力场的关键在于求定扰动位 T。当已知大地水准面上的重力异常：

$$\Delta g = g - \gamma \tag{3-16}$$

式中，g 为大地水准面上重力值；γ 为正常椭球面上对应点的正常重力值。

将正常椭球面作球近似假设，则重力异常 Δg 与扰动位 T 之间的关系式，即重力测量基本微分方程为：

$$\Delta g = -\frac{\partial T}{\partial r} - \frac{2T}{R} \tag{3-17}$$

式中，r 为球面向径；R 为地球平均半径。

扰动位 T 在大地水准面 S 外是调和函数，在边界面上满足重力测量基本微分方程，即：

$$\begin{cases} \Delta T = 0 & (\text{在 } S \text{ 面外部}) \\ \dfrac{\partial T}{\partial r} + \dfrac{2T}{R} = -\Delta g & (\text{在 } S \text{ 面上}) \\ T \to 0 & (\text{当 } r \to 0) \end{cases} \tag{3-18}$$

求解大地水准面外部扰动位问题可归结为以大地水准面为边界面第三边值问题，这个边值问题称为 Stokes 边值问题。由于边界面（大地水准面）依赖于扰动位，是未知的，所以 Stokes 边值问题属自由边值问题。

英国数学家、物理学家 Stokes 于 1849 年导出由大地水准面上的重力异常 Δg 求大地水准外部空间的扰动位 T 的公式，其结果为：

$$T(r,\theta,\lambda) = \frac{R^2}{4\pi}\iint_{\sigma} \Delta g S(r,\varphi)\,\mathrm{d}\sigma \tag{3-19}$$

式中，$S(r,\varphi)$ 称为广义 Stokes 函数，其表达式为：

$$S(r,\varphi) = \frac{2}{l} - 3\frac{l}{r^2} + \frac{1}{r} - 5\frac{R}{r^2}\cos\varphi - 3\frac{R}{r^2}\cos\varphi\ln\left[\frac{l + r - R\cos\varphi}{2r}\right] \tag{3-20}$$

式(3-19)和式(3-20)中，(r,θ,λ) 为计算点的球面坐标；l 为计算点至球面上流动点的距离；R 为球面半径；φ 为计算面和流动点间的球面角距；$\mathrm{d}\sigma$ 为单位球面面元。

如果所求的点在大地水准面上，则 $r = R$，得到大地水准面上扰动位的解为：

$$T(R,\theta,\lambda) = \frac{R}{4\pi}\iint_{\sigma} \Delta g S(\varphi)\,\mathrm{d}\sigma \tag{3-21}$$

式中，$S(\varphi) = RS(R,\varphi)$ 称为 Stokes 函数，其表达式为：

$$S(\varphi) = \csc\frac{\varphi}{2} - 6\sin\frac{\varphi}{2} + 1 - 5\cos\varphi - 3\cos\varphi\ln\left(\sin\frac{\varphi}{2} + \sin^2\frac{\varphi}{2}\right) \tag{3-22}$$

根据 Bruns 定理，大地水准面差距 N 与扰动位的关系可以表达为：

$$N = \frac{T}{\gamma} \tag{3-23}$$

式中，γ 为正常重力值。

由此可求得大地水准面差距的计算公式为：

$$N = \frac{R}{4\pi\gamma}\iint_{\sigma} \Delta g S(\varphi)\,\mathrm{d}\sigma \tag{3-24}$$

式(3-21)和式(3-24)称为Stokes公式，利用这个公式可以由大地水准面上的重力异常确定大地水准面的形状。

上述Stokes公式是在球近似的情况下导出的，误差为扁率级。就是说当大地水准面差距 N 为100m时，误差 $\delta N \approx 0.3\mathrm{m}$。若以同大地水准面十分接近的旋转椭球面作为边界面，解算的扰动位 T 具有扁率平方项的误差。在实用中，一般采取加扁率级改正的方法进行高精度的大地水准面计算。将大地水准面近似的看作椭球面或球面，实际上是将自由边值问题简化成了固定边值问题。

根据Stokes理论，大地水准面外部不能有质量存在，必须把大地水准面外的物质移到大地水准面内部去，同时要求将地面上的实测重力值归算到大地水准面上。重力归算不可避免地使大地水准面产生变形，所以按Stokes理论求得的大地水准面是调整后的大地水准面。

3.6.2 Molodensky边值问题

Stokes公式确定大地水准面的方法虽然形式上简单，但它需要大地水准面上的重力异常值，实际观测是在地球自然表面进行的，在重力归算的过程中不可避免地使大地水准面产生变形。Molodensky提出利用地球自然表面上的各种观测数据确定真地球形状，Molodensky边值问题是一个非线性自由边值问题，其中重力 $(g-\gamma)$ 和重力位 W 都是地球自然表面上的非线性函数，通过引入已知的似地球表面和正常重力位，将自由边值问题转化为固定边值问题，并应用Taylor级数、顾及它们与地球表面和重力位的线性项来解算扰动位。Molodensky用到地面混合重力异常，即地面实测重力和似地球表面上相应点的正常重力之差 $\Delta g = (g-\gamma)$。用一个不旋转的圆球近似代替参考椭球，Molodensky边值问题可表示为：

$$\begin{cases} \Delta T = 0 & (\text{在}\Sigma\text{面外部}) \\ \dfrac{\partial T}{\partial r} + \dfrac{2T}{r} = -\Delta g & (\text{在}\Sigma\text{面上}) \\ T \to 0 & (\text{当}\, r \to 0) \end{cases} \tag{3-25}$$

式(3-25)又称简化的Molodensky边值问题，由于边界面(似地球表面)比较复杂，根据积分方程用逐次趋近法解算扰动位。球近似下的Molodensky级数解为：

$$T = T_0 + T_1 + T_2 + \cdots$$

$$\begin{cases} T_0 = \dfrac{R}{4\pi}\iint_\sigma G_0 S(\varphi)\mathrm{d}\sigma \\ T_1 = \dfrac{R}{4\pi}\iint_\sigma G_1 S(\varphi)\mathrm{d}\sigma \\ T_2 = \dfrac{R}{4\pi}\iint_\sigma G_2 S(\varphi)\mathrm{d}\sigma - \dfrac{R^2}{2}\iint_\sigma \dfrac{(h-h_p)^2}{l_0^3}x_0\mathrm{d}\sigma \\ \cdots \end{cases} \tag{3-26}$$

式(3-26)中,R 为平均椭球体的平均半径;G_0 为地面混合重力异常;$\delta g_1 = \frac{1}{2\pi}\iint_\sigma (g-\gamma)\frac{H^\gamma - H_0^\gamma}{r^3}\mathrm{d}\sigma$;$h$ 和 h_p 分别为边界面上流动点和计算点的正常高;l_0 为它们之间的距离;$\mathrm{d}\sigma$ 为单位球面面元。

G_n 按下式计算:

$$\begin{cases} G_0 = \Delta g \\ G_1 = R^2\iint_\sigma \dfrac{(h-h_p)}{l_0^3}x_0\mathrm{d}\sigma \\ G_2 = R^2\iint_\sigma \dfrac{(h-h_p)}{l_0^3}x_1\mathrm{d}\sigma - \dfrac{3R}{4}\iint_\sigma \dfrac{(h-h_p)^2}{l_0^3}x_0\mathrm{d}\sigma + 2\pi x_0\tan^2\beta \\ \cdots \end{cases} \tag{3-27}$$

式中,$x_n = \frac{1}{2\pi}G_n + \frac{3}{16\pi^2}\iint_\sigma G_n S(\varphi)\mathrm{d}\sigma$。式(3-26)中,$T_0$ 项是把地球看成球面时的扰动位,称为零次逼近公式,$T_0 + T_1$ 为一次逼近公式,在应用中一般采用零次逼近公式,地形起伏甚大的地区则采用一次逼近公式。一般用 $G_1 = \frac{1}{2\pi}R^2\iint_\sigma \frac{(h-h_p)}{l_0^3}\Delta g\mathrm{d}\sigma$ 计算 G_1,引起的误差小于 h/R 量级。

3.6.3 Molodensky 与 Stokes 边值问题解的区别与联系

Molodensky 与 Stokes 方法都是根据重力异常数据解算扰动位,并进一步求解其他有关数据的方法,Molodensky 问题的零次近似就是 Stokes 解,Molodensky 问题的一次近似在某种意义上相当于采用 Faye 异常的 Stokes 解,这是两种方法的共同点。

但 Molodensky 方法是利用地面上的重力异常解算地面上及其外部的扰动位,而 Stokes 方法是利用大地水准面上的重力异常解算大地水准面上及其外部的扰动位。根据 Stokes 理论,必须把大地水准面外的物质移到大地水准面内部去,同时要求将地面上的实测重力值归算到大地水准面上。重力归算不可避免地使大地水准面产生变形。同时,求地面点的正高还不得不对地壳密度分布作某种假设。Molodensky 方法使用的是地球自然表面上的重力异常,不需要假设地壳密度。

我国的高程系统是以似大地水准面为基准的正常高系统,精确确定似大地水准面是建立现代高程基准的主要任务。由于大地水准面和似大地水准面之间差异不大,而大地水准面又具有等位面的性质,具有明确的物理意义,因此,确定大地水准面仍具有重要的现实意义。

第4章　区域重力似大地水准面精化

4.1　地面重力观测值的归算及格网化

在利用Stokes理论确定大地水准面时有两个前提，一是大地水准面外部必须没有质量，二是所用的实测重力值应当是大地水准面上的数值 g_0。但事实上重力观测是在地面上进行的，为了满足公式要求，必须将地球进行一些调整，使得全部质量都包含在大地水准面内部，同时将重力值归算到大地水准面上。此外在内插重力测量空白区的空间重力异常的过程中，通常将重力异常的高频部分去掉，得到变化较平缓的Bouguer(布格)重力异常或者地形均衡重力异常进行内插计算，然后在内插点或区域加上高频影响，使其恢复成空间重力异常，为此也需要重力归算。在Molodensky理论中，计算一次近似项也需要计算重力局部地形改正。

重力归算就是将地球调整以后的影响计算出来，在重力观测值中加以改正。为表示各种重力改正和相应重力异常的物理意义，引入以下符号：

g：地面重力观测值；

γ：似地形表面正常重力值；

γ_0：参考椭球面正常重力值；

Δg(或 Δg_F)：空间重力异常；

Δg_T：似地形表面上重力异常，简称地面重力异常；

Δg_B：Bouguer(布格)重力异常；

Δg_{FA}：Faye(法耶)重力异常；

Δg_I：地形均衡重力异常；

δg_F(或 δg_1)：为空间改正；

δg_{BP}(或 δg_2)：为层间改正；

δg_{TC}(或 δg_3)：为局部地形改正；

δg_{IC}(或 δg_4)：为地壳均衡改正；

δg_B：为Bouguer改正；

$\delta\Delta g$:残差重力异常(移去模型重力异常)。

其他有关物理量符号:

G:万有引力常数;

ρ:地壳密度;

H:大地高(椭球高);

h:正高(或正常高);

h^*:正常高;

R:地球平均半径。

4.1.1 空间改正

空间改正是将海拔高程为 h 的重力点上的重力观测值 g 归算成大地水准面上相应点的重力值 g_0,归算时不考虑地面和大地水准面之间的质量,只考虑高度对重力的改正。在 Stokes 理论中空间重力异常的定义为:

$$\Delta g_F = g_0 - \gamma_0 = g + \delta g_F - \gamma_0 \tag{4-1}$$

式中,g_0 为地面点归算到大地水准面上对应点的重力值;γ_0 为参考椭球面上与地面重力观测点对应点的正常重力值。采用 Helmert 投影,即沿椭球法线方向投影确定点的对应位置;g 为地面重力观测值;δg_F 为这种纯空间归算的重力改正:

$$\delta g_F = -\left(\frac{\partial g}{\partial h}\cdot h + \frac{1}{2}\frac{\partial^2 g}{\partial h^2}\cdot h^2\right) + o(h^3) \tag{4-2}$$

式中,h 为重力观测点高程(m)。

略去 h 的三次微量 $o(h^3)$,以正常重力场一阶和二阶法向梯度近似代替式(4-2)中地球重力场相应梯度,则式(4-2)可表示为:

$$\delta g_F \approx -\left(\frac{\partial \gamma}{\partial h}\cdot h + \frac{1}{2}\frac{\partial^2 \gamma}{\partial h^2}\cdot h^2\right) \tag{4-3}$$

将地球近似为匀质圆球,以此确定正常重力的一阶和二阶径向梯度,可得:

$$\delta g_F = 2\bar{\gamma}\cdot\frac{h}{R} - 3\bar{\gamma}\cdot\frac{h^2}{R^2} \tag{4-4}$$

式中,$\bar{\gamma}$ 为地球正常重力均值;R 为地球平均半径。

通常 Δg_F 采用的实用公式为:

$$\Delta g_F = g + 0.3086\cdot h - 0.72\times 10^{-7}\cdot h^2 - \gamma_0 \tag{4-5}$$

式中,Δg_F 为空间重力异常(mgal);h 为重力观测点高程(m)。

在 Molodensky 理论中地面重力异常的定义为:

$$\Delta g_T = g_P - \gamma_Q = g - \gamma \tag{4-6}$$

式中，g_P 为地面点 P 的重力值；γ_Q 为点 P 在似地形面上投影点 Q 的正常重力值。设点 P 在椭球面上投影点的正常重力值为 γ_0，则：

$$\gamma_Q = \gamma = \gamma_0 + \frac{\partial \gamma}{\partial h^*} \cdot h^* + \frac{1}{2}\frac{\partial^2 \gamma}{\partial h^{*2}} \cdot h^{*2} + o(h^{*3}) \tag{4-7}$$

式中，h^* 为正常高(m)。

将地球近似视为匀质椭球，通常 Δg_T 采用的实用公式为：

$$\Delta g_T = g + 0.3086 \cdot h^* - 0.72 \times 10^{-7} \cdot h^{*2} - \gamma_0 \tag{4-8}$$

式中，Δg_T 为地面重力异常(mgal)。

Δg_F 和 Δg_T 在概念上是两种不同性质的重力异常，前者是大地水准面上的，后者是似地形面上的。求 Δg_F 是将地面重力观测值 g 向下延拓到大地水准面上，严格的说，应采用真实的重力梯度做下延计算，用正常重力梯度计算是一种近似处理；将椭球面上的 γ_0 向上延拓到似地形面则是严格的。可以验证，略去 h 和 h^* 的微小差别，Δg_F 和 Δg_T 在数值上是相等的，实用上通常对两者不加区别，通称空间重力异常，用 Δg 表示。

空间重力异常引起的大地水准面的位移相对较小，通常采用空间重力异常来求(似)大地水准面的形状。

4.1.2　层间改正

空间改正没有顾及地面和大地水准面之间的质量对重力的影响，如果将大地水准面看成是外水准面，要在重力观测值中去掉这些质量引起的重力改正。假设通过重力观测点的地面和大地水准面均为平面，实测重力值受地面到大地水准面之间中间层质量的影响，去掉这一中间层质量引起的重力改正成为层间改正，由于这一质量层在重力观测点下方，去掉它重力值减小，因此层间改正为负值，计算公式为：

$$\delta g_2 = -2\pi G\rho h \tag{4-9}$$

式中，h 为重力观测点高程(m)；ρ 为地球表层岩石的密度，采用 $\rho = 2.67\text{g/cm}^3$，式(4-9)可写为：

$$\delta g_2 = -0.1118h \tag{4-10}$$

层间改正又称 Bouguer 片改正，空间改正和层间改正之和为不完全 Bouguer 改正，进行了空间改正和层间改正的重力异常称不完全 Bouguer 重力异常。

4.1.3　局部地形改正

层间改正是将地面当作平面，消除的是地面点以下层间质量的影响，但地面是起伏不平的，尤其山区和丘陵地区更是如此，重力局部地形改正就是地面点周围地形起伏部分的质量对重力观测值的影响。

设想将 P 点周围地形根据水平线 HH' 和垂线 PP_0 分成1、2、3、4四块，如图4-1所示。

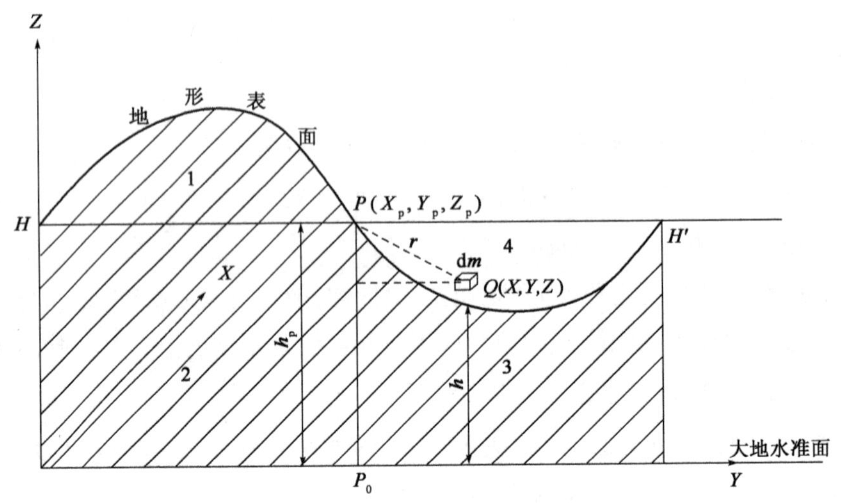

图4-1 重力局部地形改正

第1块在 P 点高程面上方，其引力使 P 点重力值减小；第2、3、4块在 P 点高程面下方，如果第4块也有质量，这三块质量的引力都使 P 点重力值增加。大地水准面外所有质量对 P 点重力影响为：

$$\delta g_{T1} - \delta g_{T2} - \delta g_{T3} = -(\delta g_{T2} + \delta g_{T3} + \delta g_{T4}) + (\delta g_{T1} + \delta g_{T4}) = \delta g_{BP} + \delta g_{TC} \quad (4\text{-}11)$$

式中，δg_{BP} 为地面重力观测点到大地水准面之间的中间层质量对重力影响，称层间改正；δg_{TC} 为地面重力观测点周围地形起伏部分的质量对重力观测值的影响，称局部地形改正。

进行层间改正和局部地形改正就是减去大地水准面外所有质量对 P 点重力影响。空间改正、层间改正和局部地形改正之和称完全Bouguer改正，将完全Bouguer改正简称为Bouguer改正。将Bouguer重力异常 Δg_B 定义为点的空间异常减去大地水准面外的所有地形质量对该点引力的垂向分量。

$$\Delta g_B = \Delta g_F + \delta g_{BP} + \delta g_{TC} \quad (4\text{-}12)$$

如果在观测重力 g 中只加空间改正 δg_F 和地形改正 δg_{TC}，再与正常重力相减，其差值称为Faye重力异常：

$$\Delta g_{FA} = \Delta g_F + \delta g_F + \delta g_{TC} \quad (4\text{-}13)$$

局部地形改正可直接用引力公式导出其积分式，计算限于计算点 P 为中心的一个球冠范围，由于球冠较小，公式推导可取平面近似。局部地形改正的积分公式可写为：

$$\delta g_{TC} = G\rho_0 \iint_{\sigma cap} \int_{hp}^{h} \frac{z - z_p}{r^3} \mathrm{d}z\mathrm{d}\sigma \quad (4\text{-}14)$$

对于高出点 P 的地形质量的部分1(图4-1),其引力方向指向上方,去掉这部分质量,使 P 点重力值增大,地形改正为正;对于高出点 P 的地形质量的部分4(图4-1),这部分本无质量,但要填进质量,以便在层间改正去掉质量层,而填进的质量,使 P 点重力值增大。因此不论周围地形高出或者低于 P 点,局部地形改正总是正的。在积分式(4-14)中,当 $h>h_p$ 时,地形质量高于点 P,被积函数的值大于零,积分方向 $z_P\to z$ 与 Z 轴正向一致,积分值为正,是真实地形质量的影响;当 $h<h_p$ 时,地形质量低于点 P,被积函数的值小于零,积分方向 $z_P\to z$ 与 Z 轴正向相反,积分值仍为正,是"虚拟"地形质量的影响。积分式(4-14)满足局部地形改正总为正值的要求。式(4-14)对 z 变量的积分可变为:

$$\begin{aligned}\int_{hp}^{h}\frac{z-z_p}{r^3}\mathrm{d}z &= \int_{hp}^{h}\frac{z-z_p}{[(x-x_p)^2+(y-y_p)^2+(z-z_p)^2]^{3/2}}\mathrm{d}z\\ &= \frac{1}{[(x-x_p)+y-y_p)]^{1/2}}-\frac{1}{[(x-x_p)+(y-y_p)+(h-h_p)]^{1/2}}\\ &= \frac{1}{r_0}-\frac{1}{r}=\frac{1}{r_0}\left\{1-\left[1+\left(\frac{\Delta h}{r_0}\right)^2\right]^{-1/2}\right\}\end{aligned} \tag{4-15}$$

式中,$r_0=[(x-x_p)^2+(y-y_p)^2]^{-\frac{1}{2}}$ 和 $\Delta h=h-h_p$。

地形坡度一般小于45°,即 $|\Delta h/r_0|<1$,将 $\left[1+\left(\frac{\Delta h}{r_0}\right)^2\right]^{-\frac{1}{2}}$ 展开为幂级数为:

$$\left[1+\left(\frac{\Delta h}{r_0}\right)^2\right]^{-\frac{1}{2}}=1-\frac{1}{2}\left(\frac{\Delta h}{r_0}\right)^2+\frac{1}{2}\cdot\frac{3}{4}\left(\frac{\Delta h}{r_0}\right)^4-\frac{1}{2}\cdot\frac{3}{4}\cdot\frac{5}{6}\left(\frac{\Delta h}{r_0}\right)^6+\cdots \tag{4-16}$$

式(4-16)略去六次以上的高次项后代入式(4-15),再代入式(4-14),则地形改正的积分公式变为:

$$\delta g_{TC}=\frac{1}{2}G\rho\iint_{\sigma cap}\frac{\Delta h^2}{{r_0}^3}\mathrm{d}x\mathrm{d}y-\frac{3}{8}G\rho\iint_{\sigma cap}\frac{\Delta h^4}{{r_0}^5}\mathrm{d}x\mathrm{d}y \tag{4-17}$$

式(4-17)可化为卷积的形式,在球面坐标系中按严密一维FFT(快速Fourier变换)计算局部地形改正,达到和空域内逐点积分精度相同的结果。

4.1.4 均衡改正

如果大地水准面以上的质量是引起重力异常的主要原因的话,那么加以Bouguer改正去掉重力场内的主要不规则部分,Bouguer异常应该很小,但是实际情况却相反,在山区Bouguer异常总是负值,而且其绝对值也相当大。这说明在大地水准面以下的地壳质量对重力还有一定的影响,这部分质量和地面可见的地形质量存在着某种补偿关系。地壳均衡学说是根据大量实际观测资料提出的一种带有假定意义的理论解释,常用的地壳均衡学说有两种,一种是Pratt地壳均衡学说,另一种是Airy地壳均衡学说。

Pratt 地壳均衡学说认为在地下某一深度处有一个等压面,由大地水准面到等压面的距离几乎处处相等,这个等压面称为抵偿面或均衡面。将地壳分割成截面相等的柱体,同一个柱体的密度是相等的,不同的柱体具有不同的密度,在地面高程大的地区柱体平均密度小些,在海洋柱体平均密度就大些,但各个柱体的质量是相等的。

Airy 地壳均衡学说由 Heiskanen 导出实用公式,称 Airy-Heiskanen 系统,现代大地测量多采用 Airy-Heiskanen 系统。Airy-Heiskanen 地形均衡补偿模型认为地壳下部是岩浆层,密度为 $3.27\mathrm{g/cm^3}$,岩浆层上面漂浮着地形物质,密度为地壳密度 $2.67\mathrm{g/cm^3}$,地形物质高出大地水准面的部分是陆地上的实际地形,实际地形越高沉入岩浆的部分越深,沉入岩浆的部分形状大致与可见地面地形相似,且相对岩浆面近似对称,山区陷入一定较深,海洋陷入一定较浅,质量的过剩与不足,是由陷入岩浆部分的高低来补偿。陷入岩浆部分与岩浆层的密度差为 $\Delta\rho = 0.60\mathrm{g/cm^3}$,地形均衡改正就是计算这一虚拟(亏损)地形物质引力对地面重力观测点 P 重力的影响,亏损质量使点 P 的重力值减小,补偿质量应增大地面重力观测值,所以地形均衡改正总是正的,Airy-Heiskanen 地形均衡补偿模型如图 4-2 所示。

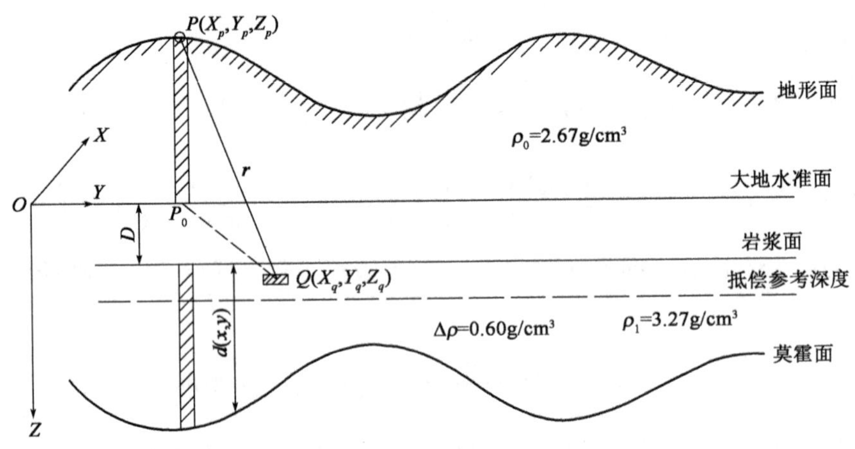

图 4-2　Airy-Heiskanen 地形均衡补偿模型

地形均衡改正与局部地形改正的积分公式推导过程相似,地形均衡改正积分公式为:

$$\delta g_{IC} = G\Delta\rho \iint_{\sigma cap} \int_{D}^{D+d} \frac{z - z_p}{r^3} \mathrm{d}z\mathrm{d}\sigma \tag{4-18}$$

式(4-18)也可化为卷积的形式,在球面坐标系中按严密一维 FFT 计算。

海洋地形均衡异常与陆海交界区的地形均衡异常模式与陆地相似,但要考虑海水层密度亏损和虚拟(过剩)地形物质引力对地面重力观测点 P 重力的影响。

4.1.5　重力归算的间接效应

由于重力归算过程中的地球质量分布变化引起的大地水准面高的改正,称为重力归算的间接效应。重力归算的间接效应可以用 Bruns 公式来表示：

$$\delta N = \frac{\delta W}{\overline{\gamma}} \tag{4-19}$$

式中，δW 为由于质量调整而引起大地水准面上的重力位变化；$\overline{\gamma}$ 为正常重力平均值。

图 4-3a）表示 P 点的重力观测值。空间改正只考虑高度对重力的改正，相当于将大地水准面以外的质量按原状态压入大地水准面之内，如图 4-3b）所示。在平均高程约为 1000m 的地区，空间改正引起的大地水准面的位移大约为 0.06cm，重力归算的间接效应是很微小的。

图 4-3c）表示 P 点的 Faye 改正。Faye 改正相当于将 P 点周围的地形削高填低，在中、小山区和平原地区间接效应较小，引起的大地水准面的位移为厘米级，在急剧起伏的地形情况下，应顾及地形引起的大地水准面变化。

图 4-3d）表示 P 点的 Bouguer 改正。Bouguer 改正相当于去掉地面点和大地水准面之间物质层的质量。

图 4-3e）表示 P 点的均衡改正。将大地水准面外的质量压入海水面下，并且调整地壳内部密度来进行质量补偿，这两种重力归算较大地调整了地球外部的物质分布，间接效应甚大，一般地区可达到数米左右的量级。

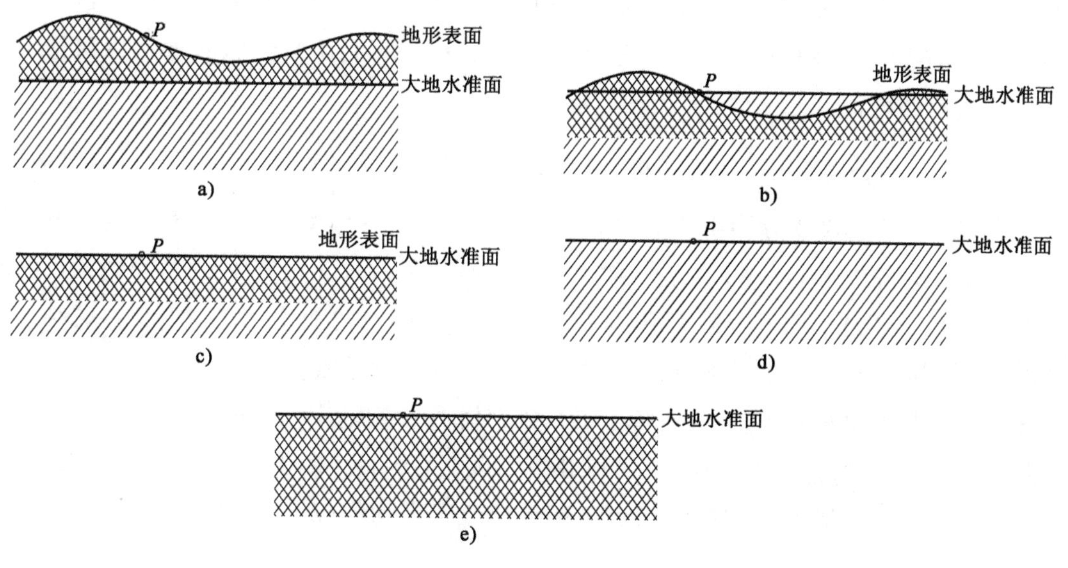

图 4-3　重力归算的物理意义

以上讨论说明，在 Stokes 和 Molodensky 理论中，采用空间重力异常和 Faye 重力异常求解大地水准面的形状是较好的，Bouguer 改正和均衡改正平滑度较高，可进行重力异常的内插和格网化。

4.1.6 地面重力观测值的格网化处理

地球内部的密度异常具有不确定分布，重力异常函数不可能用简单的函数表达，其变化带有一定的随机性，局部逼近拟合法只考虑一个插值点周围较小范围内的型值点，范围之外的型值点与插值点相关性小，影响也小。在均衡重力异常的拟合内插中，采用局部逼近方法，重在逼近拟合插值点周围函数的局部变化。Shepard 拟合插值模型是一种带权函数的插值估计公式，其具体表达式为：

$$\Delta g(\varphi,\lambda)=\begin{cases}\dfrac{\sum\limits_{i=1}^{n}\Delta g_i\cdot p_i}{\sum\limits_{i=1}^{n}p_i} & (0<d_i<R_0)\\ \Delta g_i & (d_i=0)\end{cases}\tag{4-20}$$

式中，R_0 为选定的区域半径，称为搜索半径；权 p 取为格网点至型值点的距离 d 的倒数，即：

$$p_i=\frac{1}{d_i+0.002}\quad(d_i<R_0)\tag{4-21}$$

式(4-21)的分母内引入因子 0.002 是为了避免当 d 很小时权接近无穷大。

在某区域实测地面重力数据平均优于 $5'\times5'$ 的分辨率，利用实测地面重力数据分别计算离散重力点的均衡重力异常，计算公式为：

$$\Delta g_I=g+\delta g_F+\delta g_{BP}+\delta g_{TC}+\delta g_{IC}-\gamma_0\tag{4-22}$$

将每个 $5'\times5'$格网划分为 4 个 $2.5'\times2.5'$的子格网，共 9 个结点，用离散的均衡重力异常值作为观测值，按 Shepard 拟合方法确定一个插值函数 $F(\varphi,\lambda)$，其中 φ、λ 为内插点的球面纬度和经度。用已知插值函数 $F(\varphi_i,\lambda_i)(i=1,2,\cdots,m)$ 计算每个 $2.5'\times2.5'$格网结点上的均衡异常，其中 φ_i、λ_i 为第 i 个结点的球面坐标，m 为结点总数。

利用该区数字高程模型 DEM 计算 $2.5'\times2.5'$格网结点的层间改正 $(\delta g_{BP})_i(i=1,2,\cdots,m)$、局部地形改正 $(\delta g_{TC})_i(i=1,2,\cdots,m)$ 和均衡改正 $(\delta g_{IC})_i(i=1,2,\cdots,m)$，$m$ 为 $2.5'\times2.5'$格网数。同时计算 $5'\times5'$格网结点局部地形改正平均值 $(\delta g_{TC})_k(k=1,2,\cdots,n)$，$n$ 为 $5'\times5'$格网数，则有：

$$(\delta\bar{g}_{TC})_k=\frac{1}{9}\sum_{j=1}^{9}(\delta g_{TC})_j\tag{4-23}$$

$(\delta\bar{g}_{TC})_k$ 将用于恢复 Faye 异常 Δg_{FA}。将每个 $2.5'\times2.5'$格网结点的均衡重力异常按地面重

力归算的反过程恢复为大地水准面上和地面空间重力异常。即：

$$\Delta g_F = \delta g_I - \delta g_{IC} - \delta g_{TC} - \delta g_{BP} \tag{4-24}$$

将每个5′×5′格网中4个2.5′×2.5子格网共9个结点的空间重力异常取平均，若在5′×5′格网中有r个实测点的空间重力异常，则和结点值一并取平均，即：

$$\overline{\Delta g_F} = \frac{1}{9+r}\sum_{j=1}^{9+r}(\Delta g_F)_j \tag{4-25}$$

这样，通过地面重力归算和格网化处理形成5′×5′格网平均空间重力异常，格网化的某区域5′×5′陆地、海洋空间重力异常等值线如图4-4所示。

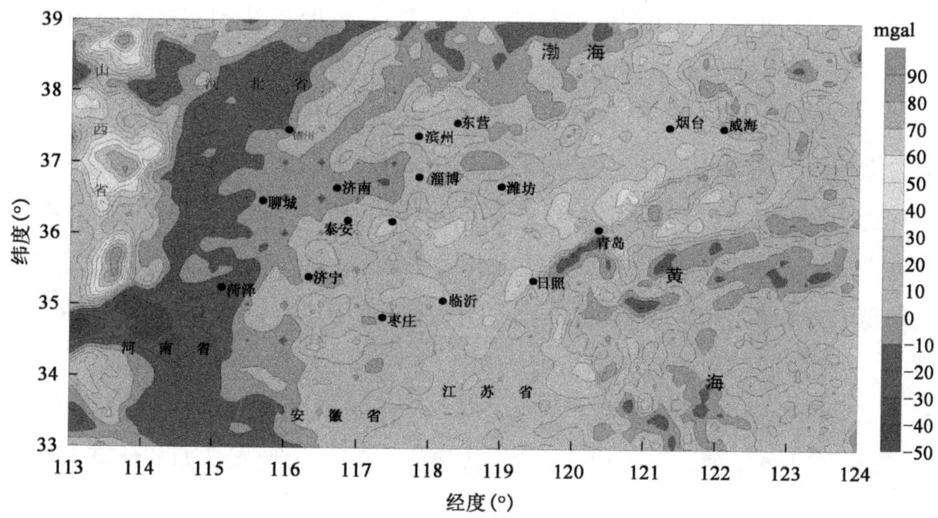

图4-4 某区域陆地、海洋空间重力异常等值线图

某区域地面实测重力数据平均分辨率为5′×5′，海洋重力数据部分为实测海洋重力数据归算和格网化结果，某区域5′×5′陆地、海洋空间重力异常作为计算该区域重力似大地水准面的基础数据。

4.2 重力(似)大地水准面计算方案

4.2.1 计算方案

精确的确定区域(似)大地水准面需要高阶地球重力场模型作为参考场，专用于重力计划的卫星发射前，静态地球重力场模型主要是利用地面卫星跟踪资料获取地球重力场的长波部分，利用地面重力观测和卫星测高等资料获取地球重力场的中、短波长部分，由于数据来源复杂,精度不统一及缺乏覆盖全球的高精度观测数据,制约了重力场模型的空间分辨率和精度。专用于重力计划的卫星 CHAMP、GRACE 和 GOCE 的发射,提高了重力场模型长波部分的精度。EIGEN-CG03C 重力场模型是采用 GRACE 和 CHAMP 卫星重力探测数据、卫星测高数据和地面重力测量数据联合解算得到的全球重力场模型,完全到 360 阶次,确定的大地水准面和重力异常波长为 110km。其描述地球表面 100km 大地水准面精度为 30cm、重力异常为 8mgal。IGG05B 是以 EIGEN-CG03C 为参考模型,补充全球重力异常和中国陆地和海洋区域的 30′×30′重力异常数据,计算得到的新模型。在本文的研究中,选用 IGG05B 作为参考重力场模型。

移去-恢复技术是重力(似)大地水准面确定中广泛应用的技术,这种方法是利用重力场的可叠加性原理,分别处理不同波长成分的贡献。移去-恢复方法的实质是利用高分辨率的重力观测数据和 DEM 数据改进由位模型确定的(似)大地水准面。

局部重力场逼近计算中的基本积分公式都可化为卷积形式,采用 FFT 技术进行计算。FFT 技术在物理大地测量中的应用,使得局部重力场逼近克服了计算量庞大这一最大障碍,在重力场逼近方面出现的 FFT 方法主要有:二维平面 FFT、二维球面 FFT、多带球面 FFT、一维球面 FFT。其中由于二维平面 FFT 把地面作为平面,对核函数作的近似太大,故计算出的结果精度较低;二维球面 FFT 和多带球面 FFT 计算过程中也有近似处理,计算结果的精度仍然有所损失;一维球面 FFT 是传统积分方法和二维 FFT 的结合,可以在球面上精确的计算卷积。在本文研究的计算中,根据数字地面模型和重力数据的分辨率情况,使用严格积分方法进行计算,保证了计算精度。基于以上分析,区域重力(似)大地水准面的计算方案拟采用以下原则:

(1)采用移去-恢复方法计算重力(似)大地水准面;

(2)采用 5′×5′格网重力异常作为计算重力(似)大地水准面的基础数据;

(3)采用 Stokes 公式计算重力大地水准面;

(4)采用 Molodensky 公式计算重力似大地水准面;

(5)数值计算采用严格积分方法进行;

(6)选用 IGG05B 全球重力场模型作为参考重力场模型。

4.2.2 基本参数

在计算过程中,高程基准采用 1985 国家高程基准,椭球基准采用 WGS-84 椭球,WGS-84 椭球有关参数值如下。

地球椭球长半径:$a = 6378137\mathrm{m}$;

地球椭球扁率:$e = 1/298.257223563$;

地球动力因子(去除永久潮汐变形后):$J_2 = 108262.9989051944 \times 10^{-8}$;

地球引力常数:$GM = 3.986004418 \times 10^8 \mathrm{m}^3/\mathrm{s}^2$;

地球自转角速度:$\omega = 7.292115 \times 10^{-5} \mathrm{rad/s}$;

正常重力平均值:$\overline{\gamma} = 978764.4656 \mathrm{mgal}$;

地壳平均密度:$\rho = 2.67 \mathrm{g/cm}^3$。

4.2.3　IGG05B 模型空间重力异常

首先由 IGG05B 重力场模型位系数计算某区域(东经 113°～124°;北纬 33°～39°)2.5′×2.5′格网结点的模型空间重力异常,取每个 5′×5′格网中子格网结点空间重力异常的算术平均值作为 5′×5′格网模型空间重力异常结果,模型重力异常代表重力变化的长波部分。某区域 5′×5′IGG05B 模型陆地、海洋空间重力异常等值线如图 4-5 所示。

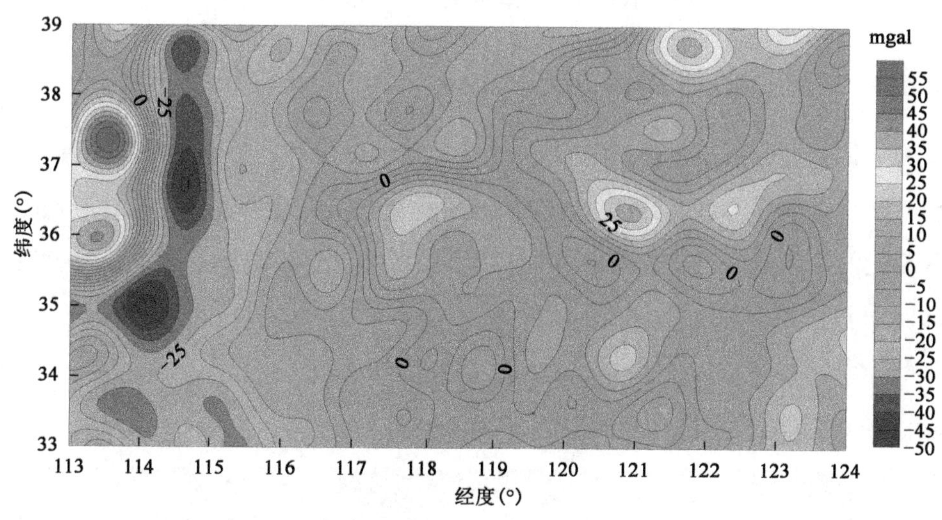

图 4-5　某区域 IGG05B 模型陆地、海洋空间重力异常等值线图

4.2.4　格网化空间重力异常

利用地面实测重力数据和高分辨率的数字高程模型(DEM)数据通过空间改正、层间改正、局部地形改正和均衡改正等重力归算过程,获得离散点的均衡重力异常作为已知(采样)值,然后采用局部拟合内插法,确定 5′×5′格网结点均衡重力异常,再在格网结点上通过上述重力归算的反过程,得到大地水准面和似地形面上 5′×5′格网空间重力异常,某区域地面实测重力数据平均分辨率优于 5′×5′,海洋重力数据为实测海洋重力数据归算结果。某区域 5′×5′陆地、海洋空间重力异常作为计算该区域重力(似)大地水准面的基础数据,空间重力异常等值线如图 4-6 所示。

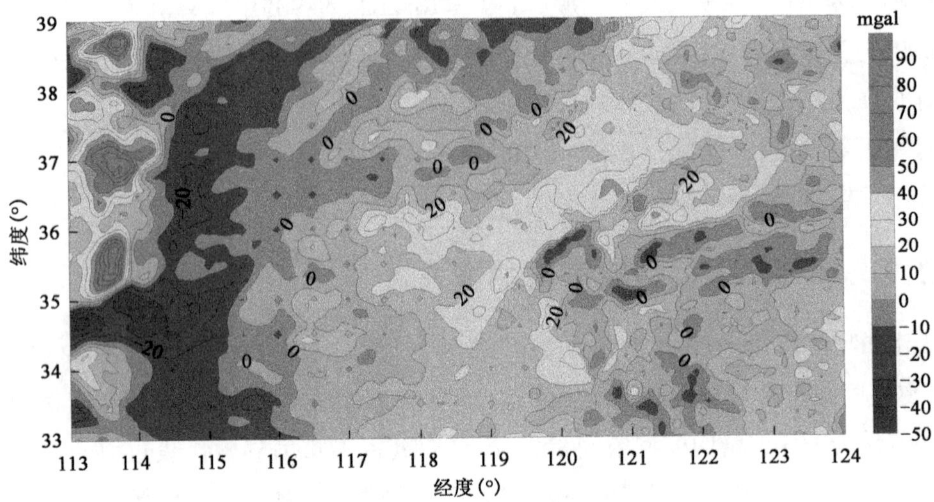

图4-6 某区域陆地、海洋格网化空间重力异常等值线图

4.2.5 残差空间重力异常

将重力异常数据分为三部分,第一部分是地球重力场模型计算的模型重力异常 Δg_M,这是重力异常的长波部分,第二部分是数字高程模型(DEM)计算的局部地形改正 $\delta\Delta g_{TC}$,这是重力异常变化的短波部分;第三部分是由实测重力异常分别移去第一和第二部分重力异常的得到的残差 Faye 异常 $\delta\Delta g_{FA}$。计算公式为:

$$\delta\Delta g_{FA} = \Delta g_F - \Delta g_M + \delta\Delta g_{TC} \tag{4-26}$$

某区域5′×5′陆地、海洋空间 Faye 异常等值线如图4-7。

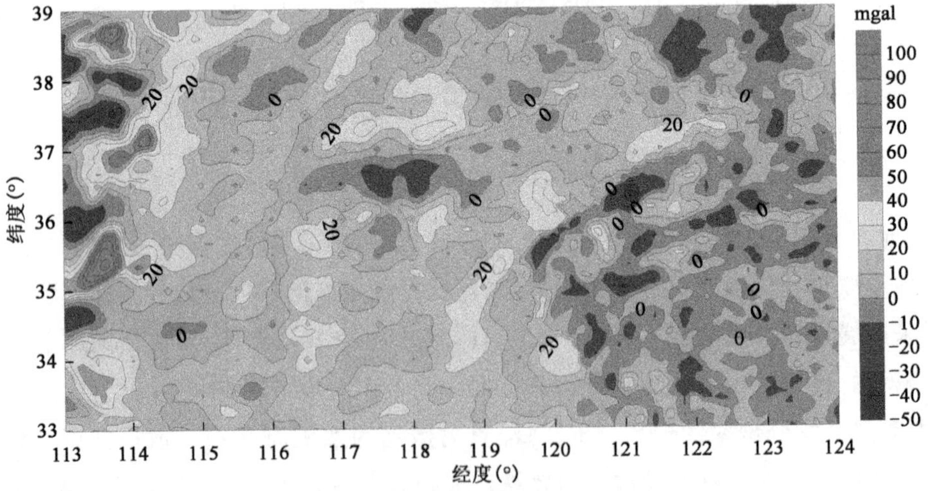

图4-7 某区域陆地、海洋 Faye 重力异常等值线图

4.2.6 Stokes公式积分的改化

用Stokes公式计算大地水准面要进行全球积分，这意味着每计算一点的大地水准面就需要全球的重力数据，由于重力数据的全球分布不可能连续，而且为了提高计算速度，需要对Stokes公式积分进行改化。由于远区的重力异常只影响大地水准面的长波项，远区的重力异常可用高精度的全球重力场位系数计算的模型重力异常代替。

大地水准面高的计算分解为三个部分计算，即中、长波分量，短波分量和残余分量。中、长波分量可用一个全球重力位模型计算确定，以 N_M 表示，所采用位模型称为参考场；短波分量利用数字高程模型（DEM）数据计算，用 δN_T 表示，剩余部分由残差Faye异常按Stokes公式确定，用 δN_r 表示。重力异常 Δg 相应的也分解为三个部分，即位模型计算的模型重力异常 $\delta\Delta g_M$、地形起伏引起的重力变化（局部地形改正）$\delta\Delta g_T$ 和残差重力异常 $\delta\Delta g_r$。具体表达式为：

$$N = N_M + \delta N_T + \delta N_r \tag{4-27}$$

$$\Delta g = \Delta g_M + \delta\Delta g_T + \delta\Delta g_r \tag{4-28}$$

式中，$\delta\Delta g_T$ 和 $\delta\Delta g_{TC}$ 大小相等，符号相反。

Stokes公式可表达为：

$$N = \frac{R}{4\pi\gamma}\iint_{\sigma}\Delta g S(\varphi)\,\mathrm{d}\sigma \tag{4-29}$$

将积分区域分为内区 σ_0 和外区 σ_1，内区积分半径为 ε_0，由于远区（外区）的重力异常只影响大地水准面的长波项，外区重力异常可用高精度的全球重力场位系数计算的模型重力异常代替。内区积分为实测重力异常。远区的地形改正对重力和大地水准面的影响也很小，只考虑内区的地形起伏的影响，则：

$$\Delta g = \begin{cases} \Delta g_M + \delta\Delta g_T + \delta\Delta g_r & (0 < \varphi < \varepsilon_0) \\ \Delta g_M & (\varphi > \varepsilon_0) \end{cases} \tag{4-30}$$

对于式(4-27)中的 N_M，可由全球重力位系数模型按式(4-31)计算：

$$N_M = \frac{fM}{r\cdot\gamma}\sum_{n=2}^{360}\sum_{m=0}^{n}\left(\frac{a}{r}\right)^n(\overline{C}_{nk}\cos k\lambda + \overline{S}_{nk}\sin k\lambda)\overline{P}_{nk}(\cos\theta) \tag{4-31}$$

由于远区的地形改正对重力影响很小，只考虑内区的地形起伏对重力的影响：

$$\delta g_{TC} = \frac{1}{2}G\rho\iint_{\sigma cap}\frac{\Delta h^2}{{r_0}^3}\mathrm{d}x\mathrm{d}y - \frac{3}{8}G\rho\iint_{\sigma cap}\frac{\Delta h^4}{{r_0}^5}\mathrm{d}x\mathrm{d}y \tag{4-32}$$

$$\delta N_{TC} = -\frac{\pi G\rho}{\gamma}h_p^2 - \frac{G\rho}{6\gamma}\iint_{\sigma}\frac{h^3 - h_p^3}{r^3}\mathrm{d}\sigma + \frac{3G\rho}{40\gamma}\iint_{\sigma}\frac{h^5 - h_p^5}{r^5}\mathrm{d}\sigma + \cdots \tag{4-33}$$

$$\begin{aligned}
N &= \frac{R}{4\pi\gamma}\iint_{\sigma}\Delta g S(\varphi)\mathrm{d}\sigma \\
&= \frac{R}{4\pi\gamma}\iint_{\sigma_1}\Delta g S(\varphi)\mathrm{d}\sigma + \frac{R}{4\pi\gamma}\iint_{\sigma_1}\Delta g S(\varphi)\mathrm{d}\sigma \\
&= \frac{R}{4\pi\gamma}\iint_{\sigma_1}\Delta g_M S(\varphi)\mathrm{d}\sigma + \frac{R}{4\pi\gamma}\iint_{\sigma_0}\Delta g S(\varphi)\mathrm{d}\sigma \\
&= \frac{R}{4\pi\gamma}\iint_{\sigma_1}\Delta g_M S(\varphi)\mathrm{d}\sigma + \frac{R}{4\pi\gamma}\iint_{\sigma_0}\Delta g_M + \delta\Delta g_{TC} + \delta\Delta g_r S(\varphi)\mathrm{d}\sigma \\
&= \frac{R}{4\pi\gamma}\iint_{\sigma_1+\sigma_0}\Delta g_M S(\varphi)\mathrm{d}\sigma + \frac{R}{4\pi\gamma}\iint_{\sigma_0}\delta\Delta g_{TC} + \delta\Delta g_r S(\varphi)\mathrm{d}\sigma \\
&= N_M + \frac{R}{4\pi\gamma}\iint_{\sigma_0}\delta\Delta g_{TC} S(\varphi)\mathrm{d}\sigma + \frac{R}{4\pi\gamma}\iint_{\sigma_0}\delta\Delta g_r S(\varphi)\mathrm{d}\sigma \\
&= N_M + \delta N_{TC} + \frac{R}{4\pi\gamma}\iint_{\sigma_0}\delta\Delta g_r S(\varphi)\mathrm{d}\sigma
\end{aligned} \tag{4-34}$$

式中，$\delta\Delta g_r = \Delta g_F - \Delta g_M + \delta\Delta g_{TC}$；$\mathrm{d}\sigma$ 为单位球面面元；$S(\varphi)$ 为 Stokes 函数。

式(4-34)即为利用残差 Faye 异常计算大地水准面差距的公式。

4.3 重力似大地水准面的确定

4.3.1 高程异常的线性 Molodensky 级数解

Molodensky 边值问题是一个非线性自由边值问题，其中重力 g 和重力位 W 都是地球自然表面上的非线性函数，需要采用线性化方法建立线性边值条件。通过引入已知的似地球表面和正常重力位，将自由边值问题转化为固定边值问题，并应用 Taylor 级数展开取至一次项来解算扰动位。由于边界面(似地球表面)比较复杂，解算扰动位根据积分方程用逐次趋近法解算，Molodensky 球近似下的级数解可表示为：

$$\zeta = \zeta_0 + \zeta_1 + \zeta_2 + \cdots \tag{4-35}$$

$$\begin{cases}\zeta_0 = \dfrac{R}{4\pi\gamma}\iint_\sigma G_0 S(\varphi)\,\mathrm{d}\sigma \\ \zeta_1 = \dfrac{R}{4\pi\gamma}\iint_\sigma G_1 S(\varphi)\,\mathrm{d}\sigma \\ \zeta_2 = \dfrac{R}{4\pi\gamma}\iint_\sigma G_2 S(\varphi)\,\mathrm{d}\sigma - \dfrac{R^2}{2\gamma}\iint_\sigma \dfrac{(h-h_p)^2}{l_0^3}x_0\,\mathrm{d}\sigma \\ \cdots\end{cases} \tag{4-36}$$

式中，R 为平均椭球体的平均半径；$\mathrm{d}\sigma$ 为单位球面面元；G_0 为地面混合重力异常；h 和 h_p 分别为边界面上流动点和计算点的正常高；l_0 为 h 和 h_p 之间的距离。G_1 和 G_2 分别为 Molodensky 一阶和二阶项：

$$\begin{cases}G_0 = \Delta g \\ G_1 = R^2\iint_\sigma \dfrac{(h-h_p)}{l_0^3}x_0\,\mathrm{d}\sigma \\ G_2 = R^2\iint_\sigma \dfrac{(h-h_p)}{l_0^3}x_1\,\mathrm{d}\sigma - \dfrac{3R}{4}\iint_\sigma \dfrac{(h-h_p)^2}{l_0^3}x_0\,\mathrm{d}\sigma + 2\pi x_0\tan^2\beta \\ \cdots\end{cases} \tag{4-37}$$

式中，β 为似地球表面的坡度角；$x_n = \dfrac{1}{2\pi}G_n + \dfrac{3}{16\pi^2}\iint_\sigma G_n S(\varphi)\,\mathrm{d}\sigma$，$\zeta_0$、$\zeta_1$、$\zeta_2$ 为高程异常的零阶项、一阶项和二阶项。

4.3.2　Faye 异常计算高程异常严密公式

利用 Faye 异常计算高程异常的概念最早是由 Pellinen(1962)提出的，后由 Heiskanen 和 Moritz(1967)给出公式推导。由上节的分析，Molodensky 级数一阶项 G_1 可分解为两项，相应的高程异常一阶项 ζ_1 也分解为两项，其中 G_{11} 相当于地面空间重力异常归化到似大地水准面的空间改正，ζ_{12} 相当于似大地水准面上计算的高程异常恢复到地面的改正，依此引出解析延拓的思想，将延拓至似大地水准面引申到延拓至地面点水准面，则 $\zeta_{12}=0$，由此计算的高程异常就为地面高程异常。以 S 表示 Stokes 算子，L 表示梯度算子，即：

$$S(f) = \frac{R}{4\pi\gamma}\iint_\sigma f S(\varphi)\,\mathrm{d}\sigma \tag{4-38}$$

$$L(f) = \frac{R^2}{2\pi}\iint_\sigma \frac{f-f_P}{l_0^3}\mathrm{d}\sigma - \frac{1}{R}f \tag{4-39}$$

设 $f(\varphi,\lambda)$ 为定义在球面上的连续函数，以下关系式成立(Moritz，1980)：

$$SL(f) = -\frac{1}{\gamma}I(f - f_0 - f_1) \tag{4-40}$$

式中,I 为单位算子。

当 f 不包含零阶和一阶球谐项时,式(4-40)简化为:

$$SL(f) = -\frac{1}{\gamma}I(f) \tag{4-41}$$

设 A 为高程异常计算点,P 为流动点,以 g_1 表示延拓至点水准面的相应的空间异常改正,则:

$$g_1 = (h_A - h_p)L(\Delta g) \tag{4-42}$$

式中,h_A 为高程异常计算点高程(常数);h_p 为流动点高程(函数)。

由于重力异常不包含零阶和一阶球谐项,对 g_1 应用 Stokes 算子得:

$$S(g_1) = h_A SL(\Delta g) - Sh_p L(\Delta g) = -\frac{h_A}{\gamma}\Delta g_A - Sh_p L(\Delta g) \tag{4-43}$$

对上式右端第二项应用式(4-39),并略去 f/R 项,令 $f = \Delta g$,则:

$$h_p L(\Delta g) = h_p \frac{R^2}{2\pi}\iint_\sigma \frac{\Delta g - \Delta g_P}{l_0^3}\mathrm{d}\sigma \tag{4-44}$$

空间重力异常 Δg 可表示为:

$$\Delta g = \Delta g_B + 2\pi G\rho \cdot h \tag{4-45}$$

式中,Δg_B 为布格重力异常,Δg_B 变化缓慢,可看成局部区域的常数,则:

$$\Delta g - \Delta g_P = 2\pi G\rho \cdot (h - h_P) \tag{4-46}$$

将式(4-46)代入(4-44)得:

$$h_p L(\Delta g) = 2\pi G\rho \frac{R^2}{2\pi}\iint_\sigma \frac{h_P(h - h_P)}{l_0^3}\mathrm{d}\sigma \tag{4-47}$$

将 $h_P(h - h_P)$ 改写成以下形式:

$$h_p(h - h_P) = -\frac{1}{2}(h - h_P)^2 + \frac{1}{2}(h^2 - h_P^2) \tag{4-48}$$

将式(4-48)代入(4-47)得:

$$\begin{aligned} h_p L(\Delta g) &= -\frac{1}{2}G\rho R^2 \iint_\sigma \frac{(h - h_P)^2}{l_0^3}\mathrm{d}\sigma + G\rho R^2 \iint_\sigma \frac{h^2 - h_P^2}{l_0^3}\mathrm{d}\sigma \\ &= \Delta g_{TC} + \pi G\rho L(h^2) \end{aligned} \tag{4-49}$$

对 $h_p L(\Delta g)$ 作 Stokes 算子,得:

$$S(h_P L(\Delta g)) = -S(\Delta g_{TC}) + \pi G\rho SL(h^2) \tag{4-50}$$

由于全球地形高平方 h^2 的球谐展开含有零阶和一阶项，满足式(4-50)，所以：

$$S(h_P L(\Delta g)) = -S(\Delta g_{TC}) + \pi G\rho\gamma^{-1}[h_A^2 - (h_A^2)_0 - (h_A^2)_1] \tag{4-51}$$

将式(4-51)代入(4-43)得：

$$S(g_1) = S(\Delta g_{TC}) - \frac{h_A \Delta g_A}{\gamma} + \frac{\pi G\rho h_A^2}{\gamma} - \frac{\pi G\rho}{\gamma}\delta h_A^2 \tag{4-52}$$

式中，$\delta h_A^2 = (h_A^2)_0 + (h_A^2)_1$。

Wang. Y. M(1993)利用全球数字高程模型ETOPO5的数据，求解展开至180阶的球谐系数，全球地形高平方 h^2 的球谐展零阶和一阶项之和的表达式为：

$$\delta h_A^2 = 0.453 - 0.018\sin\varphi + 0.087\cos\varphi\cos\lambda + 0.204\cos\varphi\sin\lambda \tag{4-53}$$

式中，δh_A 的单位为km；φ 和 λ 分别为球面纬度和球面经度。

顾及Molodensky级数一阶项的高程异常计算公式为：

$$\zeta = S(\Delta g + \Delta g_{TC}) - \frac{h_A \Delta g_A}{\gamma} + \frac{\pi G\rho h_A^2}{\gamma} - \frac{\pi G\rho}{\gamma}\delta h_A^2 \tag{4-54}$$

由式(4-54)计算的区域似大地水准面模型，积分半径取50′，结果如图4-8所示。

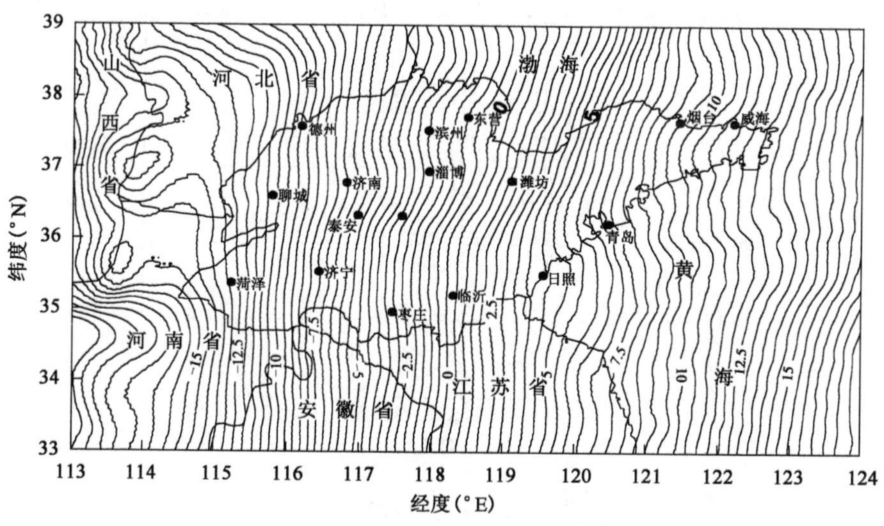

图4-8　区域重力似大地水准面等值线图

许多潜在的误差源可以影响重力(似)大地水准面最终结果的精度，在用移去-恢复方法进行局部(似)大地水准面确定中，地球重力位模型的中长波长误差、空间重力异常格网数据误差和数字高程模型(DEM)分辨率是影响重力(似)大地水准面精度的主要因素。

4.4 重力位模型和 GPS 水准数据联合确定区域似大地水准面

确定(似)大地水准面就是确定(似)大地水准面相对于参考椭球面的起伏,目前主要有重力法、GPS/水准法和混合法(重力法和 GPS/水准法结合)。本节利用高阶地球重力场位模型和某区域的 GPS/水准数据计算得到该区域(似)大地水准面模型,通过内、外精度的检验,(似)大地水准面模型的精度为厘米级。

4.4.1 GPS/水准数据和地球重力位模型

某区域进行了 C 级 GPS 控制网的布设,该区域地形比较平坦,没有大的起伏,面积约为 $8000km^2$。在该区域内共布设 C 级 GPS 网点 82 点,点间平均距离为 10km。C 级 GPS 网采用 Leica 双频 GPS 接收机施测,作业方式为经典静态相对定位测量模式。卫星截止高度角为 10°,采样间隔为 15s,每个点位均观测两个时段 6h 以上,基线处理和平差计算采用 GPSuvery 软件进行,控制网在 WGS-84 下无约束平差,点位中误差的数量级为毫米级。每个 C 级 GPS 点均以三等精度进行了水准观测,高程系统采用 1985 国家高程基准。平差后最大高程中误差为 ±2.31cm。该区 GPS/水准点分布如图 4-9 所示。

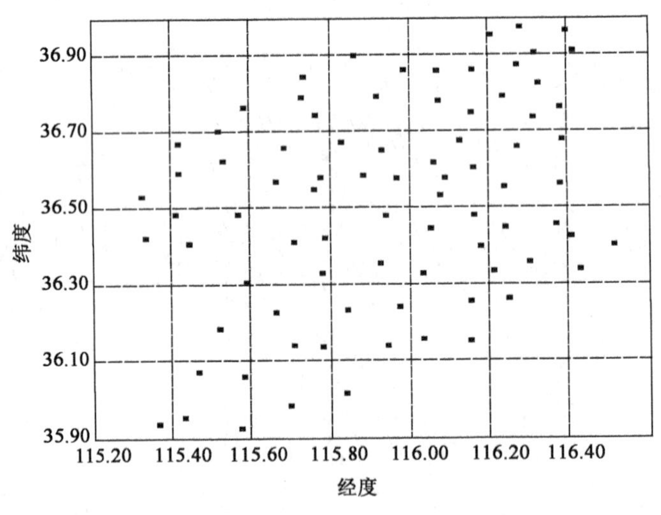

图 4-9　某区域 GPS/水准点分布图

采用移去-恢复法技术计算区域(似)大地水准面时,需要利用适合本地区的高阶全球重力场模型。EGM96 重力场模型是美国国家宇航局利用卫星跟踪数据、海洋卫星测高观测值以及各国的地面重力观测数据联合计算的 360 阶全球重力场模型,被认为是目前同阶次中最好的重力场模型。EIGEN-CG01C 是德国地球科学中心最新推出的 360 阶重力场模型,它是采用GRACE和CHAMP卫星重力探测数据、卫星测高数据和地面重力测量数据联合解算得到的全球重力场模型。研究中分别选用这两个重力场模型作为参考场模型。

4.4.2　原理和方法

1)移去-恢复法原理

任意一点的高程异常可表示为:

$$\zeta = \zeta_M - \Delta\zeta \tag{4-55}$$

式中,ζ_M 为对应高程异常的长波部分,可由地球重力场模型计算;$\Delta\zeta$ 为对应高程异常的中、短波长部分。

首先由GPS/水准点的实测高程异常 ζ 减去GPS/水准点上的 ζ_M,获得GPS/水准点的剩余高程异常 $\Delta\zeta$,这个过程称为移去。根据离散的GPS/水准点剩余高程异常,由曲面拟合法形成 $1.5'\times1.5'$ 格网点的剩余高程异常 $\Delta\zeta$,然后加上由位模型计算的格网点的模型高程异常 ζ_M,这个过程称为恢复。得到区域似大地水准面格网数值模型,然后通过局部加权平均改化该格网数值模型,作为最后结果。

2)利用重力位系数模型求模型高程异常

根据广义Bruns公式,地球表面上任一点 $A(\rho,\theta,\lambda)$ 的高程异常 ζ 为:

$$\zeta = \frac{T_A - (W_0 - U_0)}{\gamma} \tag{4-56}$$

式中,扰动位 T_A 为地面点 A 的重力位 W_A 与正常位 U_A 之差;W_0 为(似)大地水准面上的重力位;U_0 为椭球面的正常位;γ 为点 A 的正常重力值。

计算中,采用GRS80(WGS-84)椭球作为参考椭球,根据参考椭球参数和大地坐标可以计算椭球面的正常位 U_0、点 A 的正常位 U_A 和正常重力值 γ,选取(似)大地水准面的重力位等于GRS80椭球面的正常位。则式(4-56)变为:

$$\zeta = \frac{T_A}{\gamma} = \frac{W_A - U_A}{\gamma} \tag{4-57}$$

求地面任一点 A 的重力位 W_A 的地球引力位的级数式为:

$$W_{(\rho,\theta,\lambda)} = \frac{fM}{\rho}\left[1 - \sum_{n=2}^{\infty}\sum_{k=0}^{n}\left(\frac{a}{\rho}\right)^n(\overline{C}_{nk}\cos k\lambda + \overline{S}_{nk}\sin k\lambda)\overline{P}_{nk}(\cos\theta)\right] \tag{4-58}$$

式中,ρ 为矢径;θ 为极距;λ 为地心经度;fM 为地球引力常数,$\overline{P}_{nk}(\cos\theta)$ 为完全规格化的伴随勒让德多项式;$\overline{C}_{nk}$ 和 $\overline{S}_{nk}$ 为完全规格化的球谐系数。

3)拟合似大地水准面的确定

利用GPS/水准数据计算实测高程异常,减去模型高程异常得到离散点的剩余高程异常,假设在该区域内的剩余高程异常与大地坐标之间,存在如下近似数学模型:

$$\zeta_i = a_0 + a_1x_i + a_2y_i + a_3x_i^2 + a_4x_iy_i + a_5y_i^2 + a_6x_i^3 + a_7x_i^2y_i + \cdots + a_9y_i^3 \quad (4\text{-}59)$$

式中，$a_{0,}a_{1,}a_2,a_3,a_4,a_5,\cdots,a_9$ 为模型参数。

利用离散点上的高程异常值，根据最小二乘原理以三次曲面拟合法计算区域内的高程异常拟合参数，三次多项式中的二次以下低阶项，包含一个偏差参数、两个倾斜参数和三个非线性参数，能分离出系统误差和非系统误差，三次项可将拟合残差限制在较低水平。利用拟合参数计算该区域内 1.5′×1.5′格网点的剩余高程异常，加上格网点上的模型高程异常得到拟合似大地水准面。

4)局部加权平均改化拟合似大地水准面

为利用 GPS/水准数据改化拟合似大地水准面模型，首先计算 GPS/水准公共点上的高程异常残差改正数，即：

$$\Delta\zeta_i = \zeta_i - \zeta_i' \quad (i = 0,1,\cdots,82) \quad (4\text{-}60)$$

式中，ζ_i 为用 GPS/水准观测得到的 GPS/水准点的高程异常，ζ_i' 为拟合参数计算的 GPS/水准点的高程异常。$\Delta\zeta_i$ 为公共点上的高程异常残差改正数，将这些残差改正数视为"观测值"，按距离远近进行加权平均，对格网拟合似大地水准面进行改化，其具体表达式为：

$$\Delta\zeta = \frac{\sum_{i=1}^{n}\Delta\zeta_i \cdot p_i}{\sum_{i=1}^{n}p_i} \quad (4\text{-}61)$$

其中权 p 取为 GPS/水准点至格网点的距离 d 的倒数，即：

$$p_i = \frac{1}{d_i + 0.002} \quad (d_i < R_0)$$

式中的分母内引入因子 0.002 是为了避免当 d 很小时权接近无穷大。这里 d 为地球大圆距离，也可用直线距离代替；R_0 为选定的区域半径，称为搜索半径。在本文计算中，搜索半径为 8km，仅利用搜索半径区域内的点的残差改正数进行加权平均。插值得到的格网点上的高程异常残差改正数加到拟合似大地水准面上，就得到分辨率为 1.5′×1.5′似大地水准面的格网数值模型，并作为最后结果。

4.4.3 结果分析

格网点的高程异常值以文件形式给出，似大地水准面格网高程异常等值线图如图 4-10 所示。

图 4-10 显示了该区似大地水准面的变化趋势，从东南到西北方向高程异常变化幅度达 4.8m，总体看来，该区似大地水准面比较平缓。为验证所用方法的可靠性，对 GPS/水准方法得出的似大地水准面模型进行内符合精度和外符合精度的评定，精度评定的表达式为：

$$m = \pm \sqrt{\frac{[\Delta\Delta]}{n}} \tag{4-62}$$

式中，Δ 为由似大地水准面模型计算的高程异常和实测高程异常之差；n 为用于检核GPS/水准点的个数。

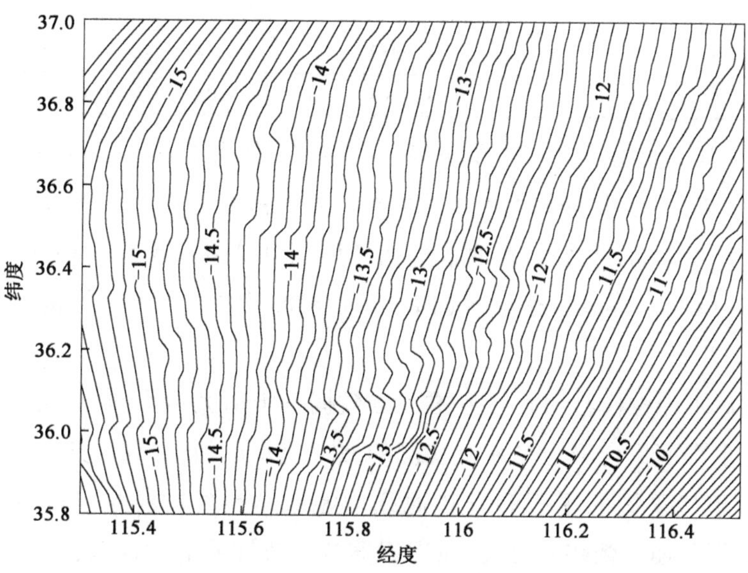

图 4-10　区域高程异常等值线图

1）内符合精度的检验

利用地球重力位模型和GPS/水准数据构建的1.5′×1.5′高程异常格网，内插82个C级GPS/水准点的高程异常，并和用三次曲面拟合方法得出的高程异常与GPS/水准实测高程异常进行比较，差值统计结果列于表4-1。

格网似大地水准面插值结果内符合精度统计与比较（单位：m）　　表4-1

精度检查项目	检核点个数	最大值	最小值	平均值	标准差
曲面拟合结果	82	0.0712	-0.0942	0.0000	±0.0428
EGM96 格网模型插值结果	82	0.0409	-0.0371	0.0010	±0.0115
CG01C 格网模型插值结果	82	0.0405	-0.0373	0.0010	±0.0115

由于82个C级GPS/水准点参加了似大地水准面模型的构建，此差值可以看作内符合精度的度量，从表中数据可以看出，改化后的格网似大地水准面高程异常精度明显优于拟合高程异常。

2）外符合精度检核

利用在该区域布设的35个D级GPS点作为外符合精度检核数据，35个D级GPS点也均以三等精度进行了水准观测。由于35个D级GPS点没有参与构建似大地水准面模型，检测结果作为外符合精度,似大地水准面模型高程异常和三次曲面拟合方法得出的高程异常与实测高程异常进行比较,其差值的统计结果列于表4-2。

格网似大地水准面插值结果外符合精度统计与比较(单位:m) 表4-2

精度检查项目	检核点个数	最大值	最小值	平均值	标准差
曲面拟合结果	35	0.1261	-0.1122	0.0010	±0.0497
EGM96 格网模型插值结果	35	0.1188	-0.0684	-0.0010	±0.0356
CG01C 格网模型插值结果	35	0.1204	-0.0708	0.0010	±0.0367

从表4-1和表4-2的比较数据来看,可以得出结论,似大地水准面模型较逼真地表示了地区高程异常的局部特征,格网似大地水准面高程异常精度明显优于拟合高程异常,外符合精度在该区域优于4.0cm,表明似大地水准面模型精度达到厘米级。在该地区的计算中,EGM96和EIGEN-CG01C模型表达该区(似)大地水准面的长波部分的精度并没有明显的差别。

利用高阶全球重力位模型和GPS水准观测数据确定似大地水准面,实质是将地球位模型计算的似大地水准面拟合于GPS水准实测的似大地水准面,并利用残差高程异常进行局部改化。在地形起伏平缓的平原和丘陵地区均能取得良好的结果。该方法的缺点是对GPS/水准观测数据的质量依赖性过大,在高程异常趋势性明显的地区,要求GPS/水准点分布均匀,密度适宜。在高程异常变化不规则地区,不仅要求GPS/水准点有一定的密度,还要求GPS/水准点布设到高程异常变化的特征点上。该方法在平原和丘陵地区得到的似大地水准面模型精度可达到为厘米级。

4.5 区域似大地水准面确定中不同数据的作用分析

利用我国东部某山区的GPS/水准数据和重力数据,分别以几何法和重力法构建了两个似大地水准面模型,分别称之为GPS/水准似大地水面和重力似大地水准面,针对不同数据源的模型进行比较,并对不同的源数据在确定似大地水准面中的作用进行了分析。

4.5.1 数据资料及处理

1)GPS/水准数据

在我国东部某山区进行了C级GPS控制网的布设,该网采用Leica双频GPS接收机施测,作业方式为经典静态相对定位模式,卫星截止高度角为10°,采样间隔为15s,每个点位均观测两个时段2h以上,基线处理和平差采用GPSuvery软件进行计算,在WGS-84下无约束平差,点位中误差的数量级为毫米级(由于未用更高等级GPS点进行大地高的约束,网内大地高有较高的相对精度,但绝对精度较低)。网中51点以三等精度引测了水准,高程系统采用1985国家高程基准。平差后最大高程中误差为±0.0241m。GPS/水准数据在该区域的分布如图4-11所示。

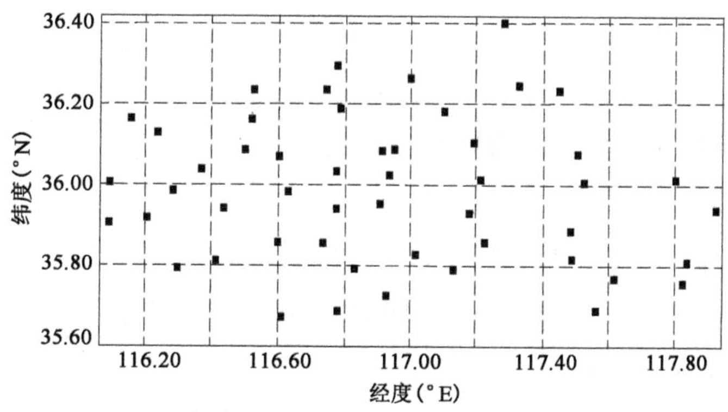

图4-11　某山区GPS/水准点分布图

2)地球重力场模型

IGG05B模型是中国科学院测量与地球物理研究所最新研制的重力场模型(陆洋,2005),该模型以最新的重力卫星数据计算的EIGEN-CG03C为参考模型,补充全球重力异常和中国陆地和海洋区域的30′×30′重力异常数据,采用“移去-恢复”积分方法以及综合谱权法计算得到的新模型,完全到360阶次。

3)数字高程模型(DEM)

高分辨率的数字高程模型包含地球重力场变化的高频信号,在本文的计算中,使用美国地质调查局研制的30″×30″(小于1km)全球格网数字高程模型GTOPO30的数据。该区域大部分位于山区,最大高程约为1378m,平均高程为167m。

4)格网空间重力异常

利用平均分辨率优于5′×5′的地面实测重力数据和30″×30″数字高程模型(DEM),进行空间改正、层间改正、局部地形改正、地壳均衡改正,获得离散点的均衡重力异常,然后拟合内插形成5′×5′格网均衡重力异常,再按上述重力归算的相反过程,恢复为5′×5′格网地面空间重力异常。作为计算高程异常的源数据。

4.5.2　似大地水准面的计算

1)利用重力位系数模型求模型高程异常

根据Bruns公式,地球表面上任一点$A(\rho,\theta,\lambda)$的高程异常ζ为:

$$\zeta = \frac{T_A}{\gamma} = \frac{W_A - U_A}{\gamma}$$

式中,扰动位 T_A 为地面点 A 的重力位 W_A 与正常位 U_A 之差;γ 为点 A 的正常重力值。

计算中,采用 GRS80(WGS-84)椭球作为参考椭球,根据参考椭球参数和点 A 的大地坐标可计算正常位 U_A 和正常重力值 γ,点 A 的重力位 W_A 的地球引力位的级数式为:

$$W_{(\rho,\theta,\lambda)}=\frac{fM}{\rho}\left[1+\sum_{n=2}^{360}\sum_{k=0}^{n}\left(\frac{a}{\rho}\right)^{n}(\overline{C}_{nk}\cos k\lambda+\overline{S}_{nk}\sin k\lambda)\overline{P}_{nk}(\cos\theta)\right] \tag{4-63}$$

式中,ρ 为矢径;a 为地球平均半径;θ 为极距;λ 为地心经度;fM 为地球引力常数,$\overline{P}_{nk}(\cos\theta)$ 为完全规格化的伴随勒让德多项式;$\overline{C}_{nk}$ 和 $\overline{S}_{nk}$ 为完全规格化的球谐系数。

2)重力似大地水准面的计算

把似大地水准面高分为两部分计算,第一部分是由 IGG05B 重力场模型计算的模型高程异常及模型重力异常;第二部分由地面观测重力异常移去模型重力异常和局部地形改正得到的残差 Faye 异常。将 Molodensky 级数的零阶项与一阶项合并,采用 Faye 异常按 Stokes 公式计算 2.5′×2.5′格网结点残差高程异常 $\Delta\xi$,并顾及重力地形改正代替严格一阶项的应加的三个改正项严密表达式,计算公式为:

$$\Delta\zeta=\frac{R}{4\pi\gamma}\iint_{\sigma}(\delta\Delta g+\delta g_{TC})S(\varphi)\,\mathrm{d}\sigma-\frac{h_A\Delta g_A}{\gamma}+\frac{\pi G\rho h_A^2}{\gamma}-\frac{\pi G\rho}{\gamma}\delta h_A^2 \tag{4-64}$$

式中,R 为地球平均半径;γ 为正常重力均值;$\delta\Delta g$ 为残差空间异常;δg_{TC} 为局部地形改正;φ 为计算点和流动点之间的角距;$S(\varphi)$ 为 Stokes 函数;$\mathrm{d}\sigma$ 为单位球面上的面元;δh_A^2 为全球地形高平方 h^2 的球谐展开零阶和一阶项之和,可利用球面纬度 φ 和球面经度 λ 为引数计算,具体表达式为:

$$\delta h_A^2=0.453-0.018\sin\varphi+0.087\cos\varphi\cos\lambda+0.204\cos\varphi\sin\lambda \tag{4-65}$$

利用重力位模型系数计算 2.5′×2.5′格网结点上的模型高程异常 ξ_M。模型高程异常 ξ_M 与残差高程异常 $\Delta\xi$ 之和即为恢复后的 2.5′×2.5′格网高程异常,这样就得到重力(似)大地水准面格网数值模型。

3)GPS/水准似大地水准面的计算

在研究区域内选取均匀的 17 个 GPS/水准点计算实测高程异常,减去 IGG05B 模型高程异常得到离散点的剩余高程异常,计算公式可表示为:

$$\Delta\zeta=\zeta-\zeta_M \tag{4-66}$$

式中,ζ_M 对应高程异常的长波部分,可由地球重力场模型计算,$\Delta\zeta$ 对应高程异常的中短波长部分,这个过程称为移去。根据离散的 GPS/水准点剩余高程异常由四次曲面拟合法形成 2.5′×2.5′格网点的剩余高程异常 $\Delta\zeta$,然后加上由重力位模型计算的格网点的模型高程异常 ζ_M,这个过程称为恢复。得到区域 GPS/水准似大地水准面格网数值模型。

4.5.3　计算结果与比较分析

1）两类似大地水准面的模型差

直接利用GPS/水准数据得到的似大地水准面模型的高程基准是我国黄海平均海面，由于受我国验潮站海域海面地形的影响（量级约为0.5m），我国区域似大地水准面并不和全球大地水准面重合，全球重力位模型和局部地面重力数据的长波误差的不一致，不同数据源高程基准和椭球基准的差别，这些因素都将导致两类似大地水准面之间有较大的偏差，将两类似大地水准面进行比较，其等值线如图4-12所示。

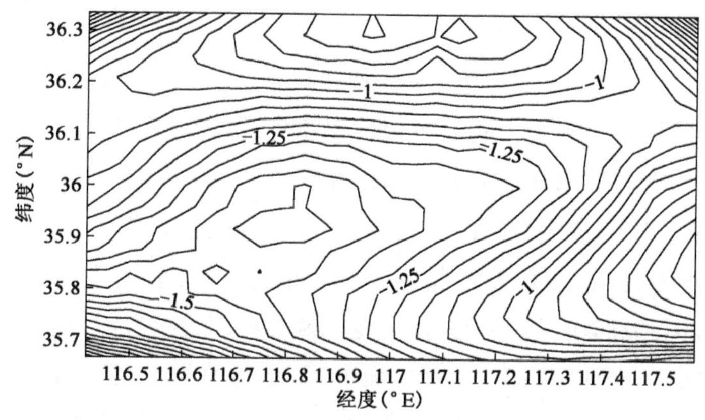

图4-12　两类似大地水准面格网模型差等值线图

从图4-12比较可以看出，两类似大地水准面模型差在－2.00～－0.60m之间，其中既有系统性偏差，也有局部起伏和不符值，由于误差成分比较复杂，难以用简单的坐标变换参数来模拟，根据国内外两类似大地水准面拟合的经验，利用构建GPS/水准似大地水准面的17个GPS/水准点通过四次曲面拟合将重力似大地水准面拟合到GPS/水准似大地水准面上，四次多项式中二阶以下的低次项包含一个偏差参数、两个倾斜参数和三个非线性参数，三次以上的高次项可将拟合残差限制在较低水平。

2）似大地水准面外符合精度检核

利用研究区域内23个未参与构建似大地水准面的C级GPS点作为精度检核数据（除去17个进行拟合计算的点和4个误差较大的点），由于23个C级GPS点没有参与构建似大地水准面模型，检测结果作为外符合精度，似大地水准面模型高程异常与实测高程异常进行比较，其差值的统计结果列于表4-3。

从表4-3的比较数据来看，GPS/水准似大地水准面和拟合后的重力似大地水准面外符合精度（标准差）均达到厘米级，说明两种数据在研究区域都可以获得厘米级似大地水准面。由于构建重力似大地水准面数据分辨率高，拟合改正后的重力似大地水准面的外符合精度要高于 GPS/水准似大地水准面。GPS/水准点具有成本高、劳动强度大、在山区水准测量误差累积较大和不易达到较高分辨率等缺点，GPS/水准点并不能完全代替重力数据确定似大地水准面的中、短波起伏。一般的做法是将具有高分辨率但高程基准与现行国家基准不一致且精度较低的重力似大地水准面拟合到高精度但分辨率较低的 GPS/水准点上。达到精化区域似大地水准面的目的。

似大地水准面外符合精度统计与比较(单位:m)　　表 4-3

精度检查项目	检核点个数	最大值	最小值	平均值	标准差
重力似大地水准面与实测高程异常差	23	1.464	0.754	1.173	±0.1802
GPS/水准似大地水准面与水准实测高程异常差	23	0.223	-0.143	0.015	±0.1074
拟合后重力似大地水准面与实测高程异常差	23	0.176	-0.184	-0.029	±0.0841

GPS/水准和重力数据都是似大地水准面精化过程必不可少的数据，GPS/水准似大地水准面具有直观、计算简单的特点，但对 GPS/水准观测数据的质量依赖性过大，在高程异常趋势性明显的地区，要求 GPS/水准点分布均匀，密度适宜。在高程异常变化不规则地区，不仅要求 GPS/水准点有一定的密度，还要求 GPS/水准点布设到高程异常变化的特征点上。由于 GPS/水准劳动强度大，观测时间长，精密水准在山区难以施测，不易达到足够的密度，该方法只适用于小范围、地形比较平坦的地区，在区域工程测量中有广泛应用。

组合法确定似大地水准面需要 GPS/水准数据、重力数据，计算复杂、技术难度大，但重力观测相对 GPS/水准观测更容易实现，一般在大范围可以达到足够密度，将具有足够分辨率的重力似大地水准面拟合到高精度的 GPS/水准似大地水准面上，得到的结果既具有高精度又具有高分辨率，组合法确定区域似大地水准面具有良好的应用前景。

第5章　神经网络方法及GPS高程测量应用

5.1　神经网络方法基本原理

5.1.1　人工神经网络的发展

人工神经网络是一门新兴交叉学科，是生物神经系统高度简化后的近似。神经网络领域的研究工作开始于19世纪末20世纪初，是源于物理学、心理学和神经生理学的跨学科研究。20世纪40年代，美国心理学家Warren McCulloch和数学家Walter Pitts从原理上证明了人工神经网络可以计算任何算术和逻辑函数，通常认为他们的工作是神经网络领域研究工作的开始。20世纪70年代，由于缺乏新思想和用于实验的高性能计算机，神经网络研究相对处于低潮时期，但仍有许多科学家在该领域开展了许多重要的工作。进入20世纪80年代，随着个人计算机和工作站计算能力的增强和新概念的引入，克服了摆在神经网络研究面前的障碍，人们对神经网络的研究热情空前高涨。目前，神经网络已进入相对平稳发展时期，神经网络理论的应用已经渗透到各个领域，并在智能控制、模式识别、自适应滤波、信号处理和函数逼近等方面取得令人鼓舞的进展。

神经网络在本质上可看作函数逼近器，已有的研究表明，一个第一层具有S形传输函数、第二层具有线性传输函数的网络，只要隐层中有足够单元可用，就几乎可以以任意精度逼近任何感兴趣的函数（Martin T. Hagan等，2002）。测绘界已有不少学者对神经网络方法在大坝变形监测、沉降分析和GPS高程转换等方面进行了深入研究，提出一些新的观点，推动了神经网络方法在测绘学科的应用（2001，胡伍生）。本章主要研究利用神经网络方法进行GPS/水准似大地水准面和重力似大地水准面的拟合，并和传统的曲面拟合方法进行比较。

5.1.2　神经元模型和网络结构

输入向量P的每个元素均通过权值矩阵W和每个神经元相连，每个神经元有一个偏置值b_i、一个累加器、一个传输函数f和一个输出a_i，可以并行操作的神经元的集合称为层，每层中所有神经元的输出结合在一起,可以得到一个输出向量 a,网络的输出为输出层,而其他层叫隐含层。图 5-1 所示为三层神经网络结构图。

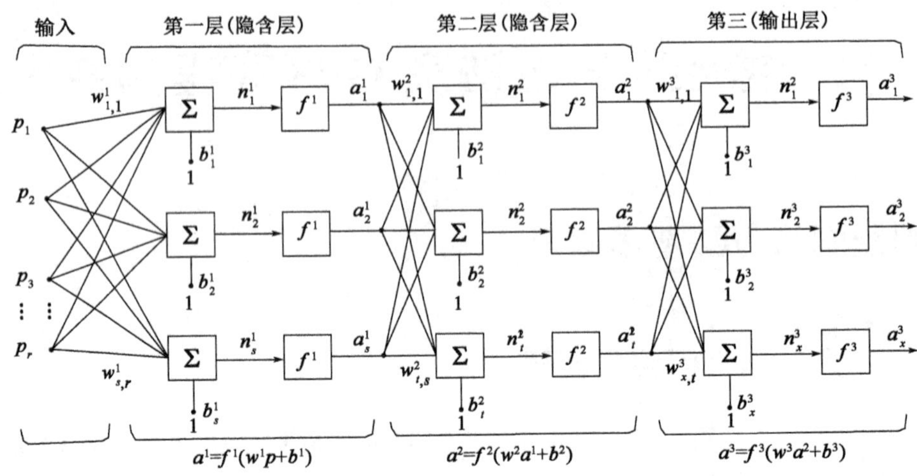

图 5-1 三层神经网络结构图

多层网络的功能要比单层网络强大得多,两层网络在隐层使用 S 形传输函数,在输出层中使用线性传输函数,经过训练可对大多数函数达到任意精度的逼近,而单层网络则不能做到这一点。大多数的神经网络只有 2 ~ 3 层神经元,网络的输入和输出神经元数目由问题的外部描述定义。但精确预测隐含层中所需的神经元数目仍存在着理论上未解决的问题。

由大量神经元相互连接组成的人工神经网络显示出人脑的某些基本特征,如分布存储和容错性、并行处理和自适应性,神经元网络是大量神经元的集体行为,并不是各单元行为的简单相加,可以处理环境信息复杂、背景不清楚和推理规则不明确的问题。

5.1.3 性能指数和最速下降法

性能指数是衡量神经网络性能的定量标准,性能指数在网络性能良好时很小,反之则很大。神经网络的性能指数是所有网络参数(各个权值和偏置值)的函数,可记为 $F(x)$,性能学习就是调整网络参数(权值和偏置值)使性能指数达到足够小的过程。为简化讨论,以 R 个输入的单层、单输出网络为研究对象,使用一组正确的行为样本集合进行性能学习,样本集合为:$\{P_1,t_1\},\{P_2,t_2\},\cdots,\{P_Q,t_Q\}$。其中,$P_q$ 为网络的一次输入;t_q 为对应的目标输出。

将学习集所有的网络输出与目标输出进行比较,以网络的均方误差作为性能指数:

$$F(x) = E(e^2) = E[(t-a)^2] \tag{5-1}$$

式中,t 为目标输出;a 为实际输出;E 为求期望值,期望在所有输入/输出对上求得。

性能优化的过程就是调整网络权值和偏置值使均方误差最小。性能优化的目的是求出使 $F(x)$ 最小化的 x 值，首先给定一个初始值 x_0，按照下式逐步趋近最优点：

$$x_{k+1} = x_k + \alpha_k P_k \tag{5-2}$$

式中，向量 P_k 为一个搜索方向；大于零的纯量 α_k 为学习速度，确定学习步长。

进行最优点迭代时，函数应该在每次迭代都减小，即：

$$F(x_{k+1}) < F(x_k) \tag{5-3}$$

下面讨论如何选择向量 P_k，使对于充分小的学习速度 α_k，这个迭代快速收敛，$F(x)$ 在 x_k 的一阶泰勒级数展开为：

$$F(x_{k+1}) = F(x_k + \Delta x_k) \approx F(x_k) + g_k^{\mathrm{T}} \Delta x_k \tag{5-4}$$

式中，g_k^{T} 为在 $F(x)$ 在 x_k 的梯度：

$$g_k^{\mathrm{T}} = \nabla F(x) \big|_{x=x_k} \tag{5-5}$$

要使式(5-3)成立，式(5-4)右边第二项必须为负值，即

$$g_k^{\mathrm{T}} \Delta x_k = \alpha_k g_k^{\mathrm{T}} P_k < 0 \tag{5-6}$$

满足式(5-6)的任意方向为一个下降方向，方向向量 P_k 与梯度 g_k^{T} 反向时内积为负，绝对值最大，为最大的下降方向，所以迭代中使用的最速下降法为：

$$x_{k+1} = x_k - \alpha_k g_k \tag{5-7}$$

5.1.4 LMS 算法

在 1960 年，Bernard Widrow 和 Marcian Hoff 引入 LMS(Least Mean Square，最小均方)算法的学习规则，主要观点是用第 k 次迭代时的均方误差 $\hat{F}(x)$ 代替均方误差的期望，仍然以 R 个输入的单层、单输出网络为研究对象，即：

$$\hat{F}(x) = [t(k) - a(k)]^2 = e^2(k) \tag{5-8}$$

每次迭代中，梯度估计值为：

$$\nabla \hat{F}(x) = \nabla e^2(k) \tag{5-9}$$

$\nabla e^2(k)$ 的前 R 个元素是关于网络权值的导数值，第 $R+1$ 个元素则是关于偏置值的导数值，有：

$$[\nabla e^2(k)]_j = \frac{\partial e^2(k)}{\partial w_{1,j}} = 2e(k)\frac{\partial e(k)}{\partial w_{1,j}} \quad (j = 1,2,\cdots R) \tag{5-10}$$

$$[\nabla e^2(k)]_{R+1} = \frac{\partial e^2(k)}{\partial b} = 2e(k)\frac{\partial e(k)}{\partial b} \tag{5-11}$$

考虑式(5-10)和式(5-11)右边的偏导数项：

$$\frac{\partial e(k)}{\partial w_{1,j}}=\frac{\partial[t(k)-a(k)]}{\partial w_{1,j}}$$

$$=\frac{\partial}{\partial w_{1,j}}[t(k)-(\sum_{i=1}^{R}w_{1,i}p_i(k)+b)]=-p_j(k) \tag{5-12}$$

$$\frac{\partial e(k)}{\partial b}=\frac{\partial[t(k)-a(k)]}{\partial b}=-1 \tag{5-13}$$

$\nabla F(x)$的近似量$\nabla\hat{F}(x)$用于最速下降法，可以得到：

$$x_{k+1}=x_k-\alpha\nabla\hat{F}(x)|_{x_k}=x_k+2\alpha e(k)z(k) \tag{5-14}$$

式中，$z(k)$为输入向量元素（包括网络输入和偏置值），用权值和偏置值表示，并推广到多个神经元的网络，LMS 算法可用矩阵符号表示为：

$$\begin{cases}W(k+1)=W(k)+2\alpha e(k)P^{\mathrm{T}}(k)\\ b(k+1)=b(k)+2\alpha e(k)\end{cases} \tag{5-15}$$

5.2 BP 算法基本原理

对于多层神经网络的训练，可以用更一般的 LMS 算法——反向传播法，反向传播算法简称为 BP(Back Propagation)算法，BP 算法是最速下降算法的近似，性能指数为均方误差，在多层网络中，误差是网络参数的隐函数，主要使用链法则计算导数。

5.2.1 链法则

多层网络的反向传播算法（BP 算法）的输入是一个网络正确行为的样本集合$\{P_1,t_1\}$，$\{P_2,t_2\}$，…，$\{P_Q,t_Q\}$，同 LMS 算法一样，用第 k 次迭代时的均方误差 $\hat{F}(x)$代替均方误差的期望，近似均方误差最速下降法为：

$$\begin{cases}w_{i,j}^m(k+1)=w_{i,j}^m(k)-\dfrac{\alpha\cdot\partial\hat{F}}{\partial w_{i,j}^m}\\ b_i^m(k+1)=b_i^m(k)-\dfrac{\alpha\cdot\partial\hat{F}}{\partial b_i^m}\end{cases} \tag{5-16}$$

对多层网络，误差不是权值的显式函数，一般利用链法则来计算偏导数：

$$\frac{\partial\hat{F}}{\partial w_{i,j}^m}=\frac{\partial\hat{F}}{\partial n_i^m}\cdot\frac{\partial n_i^m}{\partial w_{i,j}^m}=\frac{\partial\hat{F}}{\partial n_i^m}\cdot a_j^{m-1} \tag{5-17}$$

$$\frac{\partial\hat{F}}{\partial b_i^m}=\frac{\partial\hat{F}}{\partial n_i^m}\cdot\frac{\partial n_i^m}{\partial b_i^m}=\frac{\partial\hat{F}}{\partial n_i^m} \tag{5-18}$$

式中，$\dfrac{\partial\hat{F}}{\partial n_i^m}$为 $\hat{F}$ 对 m 层的输入的第 i 个元素变化的敏感性，定义为 s_i^m，近似最速下降法用

矩阵形式表示为：

$$\begin{cases} W^m(k+1) = W^m(k) - 2\alpha \cdot S^m (a^{m-1})^{\mathrm{T}} \\ b^m(k+1) = b^m(k) - \alpha \cdot S^m \end{cases} \tag{5-19}$$

式中，$S^m = \dfrac{\partial \hat{F}}{\partial n^m} = \left[\dfrac{\partial \hat{F}}{\partial n_1^m}, \dfrac{\partial \hat{F}}{\partial n_2^m}, \cdots, \dfrac{\partial \hat{F}}{\partial n_{S^m}^m}\right]^{\mathrm{T}}$。

5.2.2 敏感性反向传播

使用矩阵形式的链法则的敏感性递推关系式为：

$$S^m = \frac{\partial \hat{F}}{\partial n^m} = \left(\frac{\partial n^{m+1}}{\partial n^m}\right)^{\mathrm{T}} \frac{\partial \hat{F}}{\partial n^{m+1}} \tag{5-20}$$

计算敏感性 S^m 的过程描述了第 m 层的敏感性通过第 $m+1$ 层的敏感性来计算的递推关系，从最后一层通过网络反向传播到第一层，这就是反向传播算法得名的原因。式(5-20)中：

$$\frac{\partial n^{m+1}}{\partial n^m} = \begin{bmatrix} \dfrac{\partial n_1^{m+1}}{\partial n_1^m} & \dfrac{\partial n_1^{m+1}}{\partial n_2^m} & \cdots & \dfrac{\partial n_1^{m+1}}{\partial n_{S^m}^m} \\ \dfrac{\partial n_2^{m+1}}{\partial n_1^m} & \dfrac{\partial n_2^{m+1}}{\partial n_2^m} & \cdots & \dfrac{\partial n_2^{m+1}}{\partial n_{S^m}^m} \\ \vdots & \vdots & & \vdots \\ \dfrac{\partial n_{S^{m+1}}^{m+1}}{\partial n_1^m} & \dfrac{\partial n_{S^{m+1}}^{m+1}}{\partial n_2^m} & \cdots & \dfrac{\partial n_{S^{m+1}}^{m+1}}{\partial n_{S^m}^m} \end{bmatrix} \tag{5-21}$$

其中：

$$\begin{aligned} \frac{\partial n_i^{m+1}}{\partial n_j^m} &= \frac{\partial\left(\sum_{l=1}^{S^m} w_{i,l}^{m+1} \cdot a_l^m + b_i^{m+1}\right)}{\partial n_j^m} = w_{i,j}^{m+1} \frac{\partial a_j^m}{\partial n_j^m} \\ &= w_{i,j}^{m+1} \frac{\partial f^m(n_j^m)}{\partial n_j^m} = w_{i,j}^{m+1} \dot{f}^m(n_j^m) \end{aligned} \tag{5-22}$$

式(5-21)写为矩阵形式为：

$$\frac{\partial n^{m+1}}{\partial n^m} = W^{m+1} \dot{F}^m(n^m) \tag{5-23}$$

式(5-23)中：

$$\dot{F}^m(n^m) = \begin{bmatrix} \dot{f}^m(n_1^m) & 0 & \cdots & 0 \\ 0 & \dot{f}^m(n_2^m) & \cdots & 0 \\ \vdots & \vdots & & \vdots \\ 0 & 0 & \cdots & \dot{f}^m(n_{S^m}^m) \end{bmatrix}$$

敏感性递推关系式最后可写为：

$$S^{m} = \frac{\partial \hat{F}}{\partial n^{m}} = \left(\frac{\partial n^{m+1}}{\partial n^{m}}\right)^{\mathrm{T}} \frac{\partial \hat{F}}{\partial n^{m+1}} = \dot{f}^{m}(n^{m})\ (W^{m+1})^{\mathrm{T}} \cdot s^{m+1} \tag{5-24}$$

递推关系式起始点 S^{M} 可按下式计算：

$$S^{M} = -2\dot{F}^{M}(n^{M})(t-a) \tag{5-25}$$

5.2.3 BP 算法基本步骤

(1)选定权系数初值；

(2)从输入层开始，逐层计算每个节点的输入值和输出值，最后计算出网络输出值：

$$a^{0} = P$$

$$a^{m+1} = f^{m+1}(W^{m+1}a^{m} + b^{m+1}) \quad (m = 0,1,\cdots,M-1)$$

$$a = a^{M}$$

(3)通过网络将敏感性反向传播：

$$S^{M} = -2\dot{F}^{M}(n^{M})(t-a)$$

$$S^{m} = \dot{F}^{m}(n^{m})(W^{m+1})^{\mathrm{T}} \cdot s^{m+1}, m = M-1,\cdots 2,1$$

(4)使用近似最速下降法更新权值和偏置值：

$$\begin{cases} W^{m}(k+1) = W^{m}(k) - 2\alpha \cdot S^{m}\ (a^{m-1})^{\mathrm{T}} \\ b^{m}(k+1) = b^{m}(k) - \alpha \cdot S^{m} \end{cases}$$

5.3 Bayesian 正则化 BP 神经网络原理及仿真设计

5.3.1 Bayesian 正则化 BP 神经网络原理

由于神经网络的初始权值、网络结构以及网络的学习参数难以确定，往往需要反复训练，这样会导致在应用中出现过拟合问题(一个过拟合的网络会对训练样本集达到较高的匹配效果，但对新的输入样本矢量却可能会产生与目标矢量差别较大的输出，即网络具有较差的推广能力)，提高神经网络泛化能力的关键在于寻找合适的网络结构和网络连接权。Bayesian 正则化 BP 神经网络通过对网络权值的限制，可以有效地改善网络结构，从而限制过拟合，提高网络的精度和泛化能力。

BP 网络一般采用网络的均方误差作为性能指数：

$$E_{D} = \frac{1}{n}\sum_{p=1}^{n}(t_{p} - a_{p})^{2} \tag{5-26}$$

式中，n 为训练值总数；t_p 为第 p 组训练的期望输出值；a_p 为第 p 组训练的实际输出值。在 Bayesian 正则化方法中引入了修正函数，网络训练性能指数变为：

$$F(w) = \alpha \cdot E_w + \beta \cdot E_D \tag{5-27}$$

式中，$E_w = \frac{1}{m}\sum_{j=1}^{m} w_j^2$ 为网络所有权值的均方根（m 为网络权值的总个数）。α 和 β 为正则化系数，其大小影响网络的训练效果，若 $\alpha \ll \beta$，则训练算法倾向使网络误差较小，容易使网络出现过拟合现象；若 $\alpha \gg \beta$，则训练强调权值的减小，使网络的输出更加平滑，从而增强网络的泛化性能，但使得网络有效权值尽可能地少，自动缩小了网络规模，容易导致网络欠拟合。

5.3.2　Bayesian 正则化算法

常规的正则化方法很难确定 α、β 的大小，Bayesian 正则化方法在网络训练中自适应的调节 α、β，使其达到最优。将网络权值视为随机变量，由 Bayesian 规则，权值概率密度函数可以更新为：

$$P(w \mid D,\alpha,\beta,M) = \frac{P(D \mid w,\beta,M) \cdot P(w \mid \alpha,M)}{P(D \mid \alpha,\beta,M)} \tag{5-28}$$

式中，w 为网络的权值向量；D 为样本数据集；M 为使用的神经网络模型；$P(D|\alpha,\beta,M)$ 为标准化因子，保证总体概率为 1；$P(w|\alpha,M)$ 为权值向量的先验概率函数；$P(D|w,\beta,M)$ 为权值给定时输出的概率函数。

假设数据中存在的噪声和权向量均服从高斯分布，则有：

$$\begin{cases} P(D \mid w,\beta,M) = \dfrac{\mathrm{e}^{(-\beta E_D)}}{Z_D(\beta)} \\ P(w \mid \alpha,M) = \dfrac{\mathrm{e}^{(-\alpha E_w)}}{Z_w(\alpha)} \end{cases} \tag{5-29}$$

式中，$Z_D(\beta) = (\pi/\beta)^{n/2}$ 和 $Z_w(\alpha) = (\pi/\alpha)^{m/2}$。

将式(5-29)代入式(5-28)得：

$$P(w \mid D,\alpha,\beta,M) = \frac{\mathrm{e}^{-(\alpha E_w+\beta E_D)}/(Z_D(\beta) \cdot Z_w(\alpha))}{P(D \mid \alpha,\beta,M)} = \frac{\mathrm{e}^{-F(w)}}{Z_F(\alpha,\beta)} \tag{5-30}$$

式(5-30)中，最优的权值向量应具有最大的后验概率 $P(w|D,\alpha,\beta,M)$，最大的后验概率在 $Z_F(\alpha,\beta)$ 一定的情况下等价于最小正则化目标函数 $F(w)$。由后验概率最大化解得目标函数 $F(w)$ 最小点处的 α 和 β。设 α、β 的先验密度函数为 $P(\alpha,\beta|M)$，则后验估值为：

$$P(\alpha,\beta \mid D,M) = \frac{P(D \mid \alpha,\beta,M) \cdot P(\alpha,\beta \mid M)}{P(D \mid M)} \tag{5-31}$$

式(5-31)表明,最大正则化参数 α 和 β 的后验概率等价于最大化概率函数 $P(D|\alpha,\beta,M)$:

$$P(D\mid\alpha,\beta,M)=\frac{\mathrm{e}^{-(\alpha E_w+\beta E_D)}/(Z_D(\beta)\cdot Z_w(\alpha))}{P(w\mid D,\alpha,\beta,M)}=\frac{Z_F(\alpha,\beta)}{Z_D(\beta)\cdot Z_w(\alpha)} \tag{5-32}$$

式(5-32)中,$Z_D(\beta)$和 $Z_w(\alpha)$都为常数,仅有的未知部分为 $Z_F(\alpha,\beta)$,$Z_F(\alpha,\beta)$可通过 Taylor 级数展开进行估计。由于目标函数在最小点附近的小区域内与二次曲面近似,把 $F(w)$在最小点 w^* 展开,由于梯度为0,标准化常数解服从:

$$Z_F(\alpha,\beta)=(2\pi)^{m/2}[\det(H(w^*)^{-1}]^{1/2}\cdot e^{-F(w^*)} \tag{5-33}$$

式中,$H(w)=\alpha\nabla^2E_w+\beta\nabla^2E_D$ 为目标函数的海森矩阵。

将式(5-33)代入式(5-32),两边取对数并求导,得到最小点 w^* 处 α 和 β 的优化解为:

$$\begin{cases}\alpha^*=\dfrac{\gamma}{2E_w(w^*)S}\\[2ex]\beta^*=\dfrac{n-\gamma}{2E_D(w^*)}\end{cases} \tag{5-34}$$

式中,$\gamma=m-2\alpha^*\cdot tr(H^*)^{-1}$为训练样本集确定的网络参数的有效个数;$m$ 为网络中总的连接权个数。

对 Bayesian 正则化网络进行训练,首先设定初始 α 和 β 以及网络初始权值,训练网络得到性能指数 $F(w)$的极小点 w^*,然后按式(5-34)更新 α 和 β,再对网络进行训练,反复迭代直至收敛。训练结束后必须核对有效权值个数,若 γ 接近于 m,表明网络规模不够大,需要增加隐含层的神经元数,而当网络超过一定的规模后,γ 一般趋于一个稳定的数值。

5.3.3 两类似大地水准面拟合的神经网络模型和 MATLAB 仿真程序设计

计算机的软件仿真是研究神经网络常用的方法,MATLAB 提供了丰富的神经网络工具箱,几乎包括了现有神经网络模型的最新成果,借助它们可直观、方便地进行神经网络的应用设计、分析、计算等。基于神经网络模型的两类似大地水准面拟合的具体计算过程为:

(1)根据 GPS/水准的大地坐标利用重力似大地水准面格网数值模型内插重力似大地水准面模型高程异常 ξ_1,从 GPS/水准点实测高程异常 ξ_2 中减去 ξ_1 组成不符值序列 $\Delta\xi$,由于高程异常与点位的平面位置密切相关,而与点位的高程位置关系不大,将输入层元素取为点位的大地坐标(B,L),输出层元素取为高程异常差 $\Delta\xi$,将所有控制点的信息构成学习集样本:$(B_i,L_i;\Delta\xi_i)$,其中,$i=1,2,\cdots,n$。

(2)构造神经网络模型,利用给定学习集样本对网络进行训练,在性能指数最小的状态

下获得网络 α 和 β 值以及网络最佳权值。

(3)用训练好的神经网络求重力似大地水准面规则格网上的高程异常改正数 $\Delta\xi$,用重力似大地水准面格网上的高程异常加高程异常改正数 $\Delta\xi$ 完成将重力似大地水准面拟合到GPS/水准似大地水准面上。

根据两类似大地水准面拟合的数据特点,构造了五层神经网络模型,分别为输入转换层、输入层、隐含层、输出层和输出转换层。网络只设一个隐含层,隐含层采用标准 Sigmoid 激活函数:

$$f(x) = \frac{1}{1+e^{-x}} \tag{5-35}$$

输出层中采用线性函数,标准 Sigmoid 激活函数的标准输入、输出数据限定范围为[0,1],输入(出)转换层主要是将输入(出)数据转换为[0,1]之间的值,为避开网络的饱和区,可将数据范围设定为:[0.1,0.9]或[0.2,0.8]。

MATLAB 神经网络工具箱具有丰富的神经网络模拟软件,可以按照 Bayesian 正则化法对 BP 神经网络进行训练,并应用于区域似大地水准面拟合。

5.4　Bayesian 正则化 BP 神经网络初始条件对拟合结果的影响

全球重力位模型和局部地面重力数据长波误差的不一致,不同数据源高程基准和椭球基准的差别,这些因素都将导致由重力数据确定的似大地水准面和 GPS/水准点为控制的似大地水准面有较大的系统偏差和不符值,由于误差成分比较复杂,难以用简单的坐标变换参数来模拟。根据国内外两类似大地水准面拟合的经验,一般采用曲面多项式作为拟合函数将重力似大地水准面拟合到 GPS/水准似大地水准面上,为限制拟合误差,通常采取分区拟合方法。由于两类似大地水准面差别的不规则性,分区多项式拟合不仅增大了计算工作量,也引入模型误差。

提出利用 Bayesian 正则化 BP 神经网络进行两类似大地水准面拟合,将新方法和传统的多项式曲面拟合方法进行比较,并分别分析了两个方法的优点和缺点。在某区域内利用 Bayesian 正则化 BP 神经网络将重力似大地水准面拟合到 106 个 GPS/水准点为控制的 GPS/水准似大地水准面,作为区域似大地水准面的最后结果,并利用收集到的区域内两个 C 级 GPS 控制网和相应的三等水准成果进行了内、外符合精度的统计,由于两个 C 级 GPS/水准网一个在平原区域,一个在山区和丘陵区,基本概括了该区域内的地形、地貌情况,内、外符合精度可以代表区域内似大地水准面的整体精度。

主要对 Bayesian 正则化 BP 神经网络的初始条件对两类似大地水准面拟合结果的影响

进行研究。选用区域内平原区和丘陵山区C级GPS控制网和三等水准观测数据进行计算分析。

5.4.1 隐含层数和隐含层神经元单元数的选择

多层网络的性能指数非常复杂且有许多局部极小值,增加隐含层数可以增加网络对复杂事件的处理能力,也必然使训练复杂化。已有的研究表明,只要隐层中有足够的神经单元,两层网络就几乎可以以任意精度逼近任何感兴趣的函数。所以,本文的研究以两层网络为研究对象。

精确预测隐含层所需要的神经元的数目至今仍然存在一些理论上还没有解决的问题,这个问题是一直活跃的研究领域。一般来说,隐含层单元数过少,网络不能逼近复杂的变化,可能得不到良好的训练结果;但是隐含层单元数过多,可能只改善网络与训练组匹配的精确度,但网络响应却不能精确地逼近所期望的函数。要改善网络的概括推广能力,既要改善新数据的适应性,又要求适当减少隐含层神经单元个数。

在神经网络中,Ockham的"剃刀"理论提出:只要有一个更小的网络能工作,就不要使用更大的网络。要用足以表示训练集的最简单的网络,一个网络应该具有比训练集中的数据点少的参数。本文实验中使用的学习集有17~20点数据,若隐含层神经元单元个数设计为4个,则2-4-1网络(2个输入、4个神经元、1个输出)共有17个可调节参数(12个权值和5个偏置值)。若隐含层神经元单元个数设计为5个,则2-5-1网络(2个输入、5个神经元、1个输出)共有21个可调节参数(15个权值和6个偏置值)。从学习集中数据点个数情况来看,隐含层所需要的神经元的数目以4个为宜,但Bayesian正则化BP网络可使得网络有效权值尽可能地少,自动缩小了网络规模,在训练时,需要设计比实际所需要略大的隐含层神经元数目。为了考察隐含层神经元单元个数对结果的影响,本文分别选取隐含层的神经元的数目为4~7时结果进行比较(学习集样本子样次序相同),结果如表5-1所示。

隐含层神经元单元个数对拟合结果的影响(单位:m) 表5-1

数据区	隐含层不同神经元个数结果之差	最大	最小	平均	标准差
平原	5-4	0.0143	-0.0071	0.0011	0.0035
	6-5	0.0025	-0.0109	-0.0012	0.0028
	7-6	0.0078	-0.0203	-0.0017	0.0048
丘陵山区	5-4	0.0109	-0.0333	-0.0025	0.0051
	6-5	0.0889	-0.0807	-0.0007	0.0191
	7-6	0.0428	-0.0245	0.0019	0.0079

从两个区域的计算数据比较结果来看，隐含层神经元个数在 4 ~7 时，隐含层不同神经元个数结果之差并不大。根据以上计算分析，结合 Ockham 的“剃刀”原理和 Bayesian 正则化 BP 网络可使得网络有效权值尽可能地少。在计算中，学习集包含 17 ~20 个点数据的情况下，选取隐含层神经单元个数为 5 ~6 个为宜。本节研究中，选用 2-5-1 网络进行研究。

5.4.2　初始权值的设置对结果的影响

Bayesian 正则化 BP 神经网络 MATLAB 仿真程序中，权值的初始化是通过 rands 命令产生 -1.0 到 1.0 之间随机取值再除以 10 来实现，初始权值随机赋值为接近于零的非零值，可以在不离开性能曲面平坦区域的同时避开可能的鞍点。由于初始权值是随机产生的，不同的初始权值会对最终结果产生影响(这也是人工神经网络在工程应用中的缺点之一)，在隐含层 5 个神经单元个数的情况下进行了 5 次计算，每次计算的初始权值都是随机产生的，5 次计算的结果之差可作为考察初始权值的设置对结果的影响(学习集样本子样次序相同)，结果如表 5-2 所示。

神经网络初始权值的设置对拟合结果的影响(单位：m)　　表 5-2

数据区	不同初始权值计算的结果之差	最大	最小	平均	标准差
平原	2 - 1	2.0668e - 009	-3.1632e - 008	-1.5168e - 009	4.4653e - 009
	3 - 2	4.9261e - 009	-2.1710e - 009	6.2909e - 011	8.8468e - 010
	4 - 3	2.1068e - 008	-1.0104e - 008	1.1043e - 009	4.1811e - 009
	5 - 4	0.0033	-0.0125	-6.4112e - 004	0.0026
丘陵山区	2 - 1	0.0084	-5.9267e - 004	4.7857e - 004	0.0011
	3 - 2	2.5219e - 009	-4.6608e - 009	-7.6011e - 010	1.7247e - 009
	4 - 3	0.0023	-0.0099	-0.0017	0.0016
	5 - 4	1.3443e - 007	-4.1604e - 008	3.5723e - 009	1.4743e - 008

根据表 5-2 中比较数据，除在测区边缘部分两次结果差值略大于 10.0mm 外，不同初始权值的结果差异一般在毫米级或者更少，如果收敛到性能曲面的同一极小点，拟合结果几乎没有差异，多次选择不同的初始权值，选择较好的结果，初始权值的设置对结果的影响可不予考虑。

5.4.3　学习集样本子样次序对结果的影响

人工神经网络对样本的次序具有敏感性，利用本文研究设计的神经网络，进行了如下计算比较实验:①子样按纬度由小到大排列与按纬度由大到小排列计算结果差;②子样按经度由小到大排列与按经度由大到小排列计算结果差;③子样两次随机排列的结果差;在隐含层选用 5 个神经单元,每次计算的初始权值都随机设置,学习集样本次序对两区域拟合结果差等值线如图 5-2 所示。

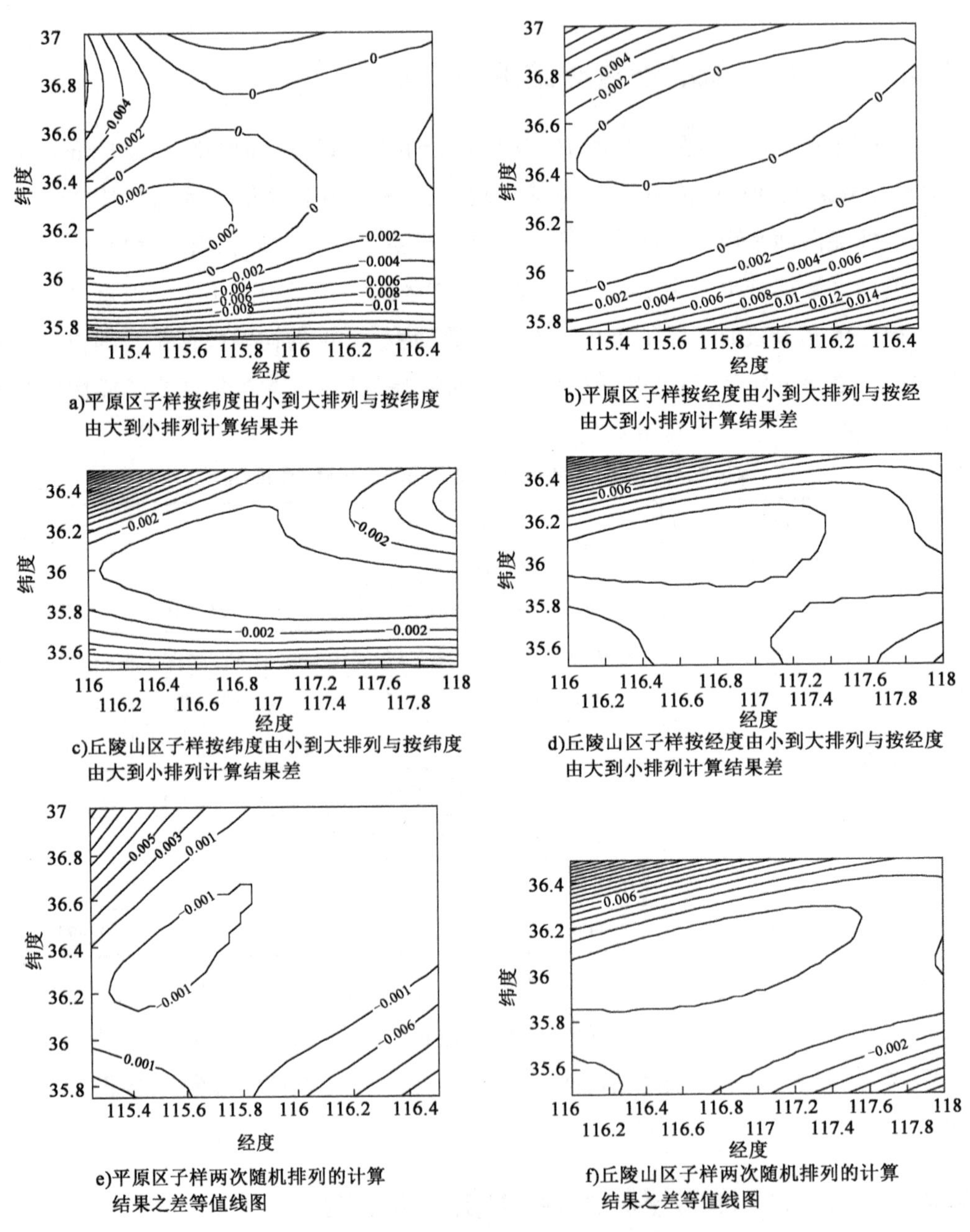

a)平原区子样按纬度由小到大排列与按纬度由大到小排列计算结果并

b)平原区子样按经度由小到大排列与按经由大到小排列计算结果差

c)丘陵山区子样按纬度由小到大排列与按纬度由大到小排列计算结果差

d)丘陵山区子样按经度由小到大排列与按经度由大到小排列计算结果差

e)平原区子样两次随机排列的计算结果之差等值线图

f)丘陵山区子样两次随机排列的计算结果之差等值线图

图 5-2 不同学习集样本次序对似大地水准面拟合结果的影响(单位:m)

学习集样本次序对两区域拟合结果差的统计结果列于表5-3。

平原区数据学习集样本子样次序对拟合结果的影响(单位:m) 表5-3

数据区	比较类别	最大	最小	平均	标准差
平原	子样按纬度由小到大排列与按纬度由大到小排列计算结果差	0.0040	-0.0191	-0.0022	0.0051
	子样按经度由小到大排列与按经度由大到小排列计算结果差	0.0254	-0.0132	0.0016	0.0052
	子样两次随机排列的计算结果之差	0.0161	-0.0086	7.9257×10^{-5}	0.0027
丘陵山区	子样按纬度由小到大排列与按纬度由大到小排列计算结果差	0.0015	-0.0359	-0.0029	0.0049
	子样按经度由小到大排列与按经度由大到小排列计算结果差	0.0356	-0.0044	0.0021	0.0050
	子样两次随机排列的计算结果之差	0.0337	-0.0138	0.0016	0.0051

从表5-3和表5-2的比较,学习集子样按三种不同次序排列所得计算结果之差,仅在测区边缘控制点缺少部分两次结果差值大于10.0mm外,控制点控制区域内不同子样排列顺序的结果差异一般在毫米级或者更少,说明子样排列顺序在GPS/水准点控制区域内对结果的影响是较小的,在确定厘米级区域似大地水准面的过程中,也可不予考虑。

5.5 Bayesian正则化BP神经网络方法和曲面拟合方法比较

在组合法确定高精度、高分辨率似大地水准面的过程中,是将利用重力数据计算的高分辨率重力似大地水准面拟合到高精度但分辨率较低的GPS/水准似大地水准面上,形成既具有高精度又具有高分辨率的可应用模型。在两类似大地水准面拟合过程中,任何拟合方法都包含模型代表性误差和拟合逼近误差,其中模型代表性误差是指拟合函数与两类似大地水准面差别的不规则性之间的差异,而拟合逼近误差实是指拟合函数在理论上可以精确逼近两类似大地水准面差的情况下,由于拟合采样点的分布和数量及拟合点测量精度引起的拟合误差。

根据国内外两类似大地水准面拟合的经验,将重力似大地水准面拟合到GPS/水准似大地水准面上多采用曲面函数作为拟合函数,由于两类似大地水准面差别的不规则性,以规则曲面为拟合函数的拟合方法不可避免的引入模型误差。为减小模型误差,一般将较大区域分成若干个小区域进行两面拟合,如我国浙闽赣区域似大地水准面分为38个区进行拟合,华东和华中区域似大地水准面分为116个区进行拟合。分区拟合不仅增大了计算工作量,也存在拟合区域间平滑连接问题。本节提出利用 Bayesian 正则化 BP 神经网络进行大区域整体两类似大地水准面拟合,研究发现,Bayesian 正则化 BP 神经网络在提高网络精度的同时提高了网络的泛化能力,拟合精度高于分区曲面拟合的精度。

5.5.1 两类似大地水准面拟合的多项式拟合方法

根据国内外两类似大地水准面拟合的经验,一般采用拟合多项式作为拟合函数,将重力似大地水准面拟合到 GPS/水准似大地水准面上,多项式拟合方法主要步骤如下:

(1)在拟合区域内选取部分均匀分布的 GPS/水准点作为控制点,根据 GPS/水准的大地坐标利用重力似大地水准面格网数值模型内插重力似大地水准面模型高程异常 ξ_1,从 GPS/水准点实测高程异常 ξ_2 中减去 ξ_1 形成不符值序列:

$$\Delta\zeta_i = (\zeta_2 - \zeta_1)_i \quad (i = 1,2,\cdots,l) \tag{5-36}$$

式中,l 为选取的 GPS/水准控制点个数。

(2)利用离散点上的不符值序列和相应的大地坐标组成多项式拟合方程:

$$\Delta\zeta_i = a_0 + a_1\varphi_i + a_2\lambda_i + a_3\varphi_i^2 + a_4\varphi_i\lambda_i + a_5\lambda_i^2 + a_6\varphi_i^3 + a_7\varphi_i^2\lambda_i + \cdots \tag{5-37}$$

式中,$a_{0,}a_{1,}a_2,a_3,a_4,a_5,\cdots$为多项式系数。

(3)根据最小二乘原理求解拟合方程系数集,得到校正多项式函数:

$$\Delta\zeta(\varphi,\lambda) = a_0 + a_1\varphi + a_2\lambda + a_3\varphi^2 + a_4\varphi\lambda + a_5\lambda^2 + a_6\varphi^3 + a_7\varphi^2\lambda + \cdots \tag{5-38}$$

根据重力似大地水准面格网中心点坐标$(\varphi,\lambda)_k$,$k=1,2,\cdots m$,计算重力似大地水准面格网点上高程异常校正值$(\Delta\zeta)_k$,格网点上高程异常最后结果为:

$$(\zeta)_k = (\zeta_1)_k + (\Delta\zeta)_k \quad (k = 1,2,\cdots m) \tag{5-39}$$

这样就得到与我国高程系统一致的似大地水准面模型最后结果。

5.5.2 神经网络方法和曲面拟合方法的比较实例

神经网络方法和曲面拟合方法的比较选用平原区 GPS/水准网成果进行研究,区域内可应用 GPS/水准点 81 点,点间平均距离约为 10km。每个 C 级 GPS 点均以三等精度进行了水准观测,高程系统采用 1985 国家高程基准。区域内 GPS/水准点表现的两类似大地水准面差如图 5-3a)所示。

由于研究区域较大,两类似大地水准面在区域内的差别比较复杂,两面差在研究区域是不规则的,利用 81 个高程异常控制点的经、纬度和高程异常差构成学习集样本,分别按整体曲面拟合、分区曲面拟合和整体 Bayesian 正则化 BP 神经网络方法拟合计算规则格网的高程异常差,三种拟合方法计算得到的高程异常差分别如图 5-3b)、图 5-3c) 和图 5-3d) 所示。从图中的比较可以看出,在整个区域以规则的曲面函数拟合格网点的高程异常差,拟合结果表现出一定的规则性,与学习集样本表现的两面差等值线差异较大。与整区拟合比较,分区拟合在一定程度上减小了模型代表性误差,Bayesian 正则化 BP 神经网络方法拟合计算规则格网的高程异常差等值线趋势性与 GPS/水准点表现的高程异常差等值线更加一致,而且 Bayesian 正则化算法也顾及了拟合结果的平滑性,限制过拟合现象,提高网络的泛化能力。

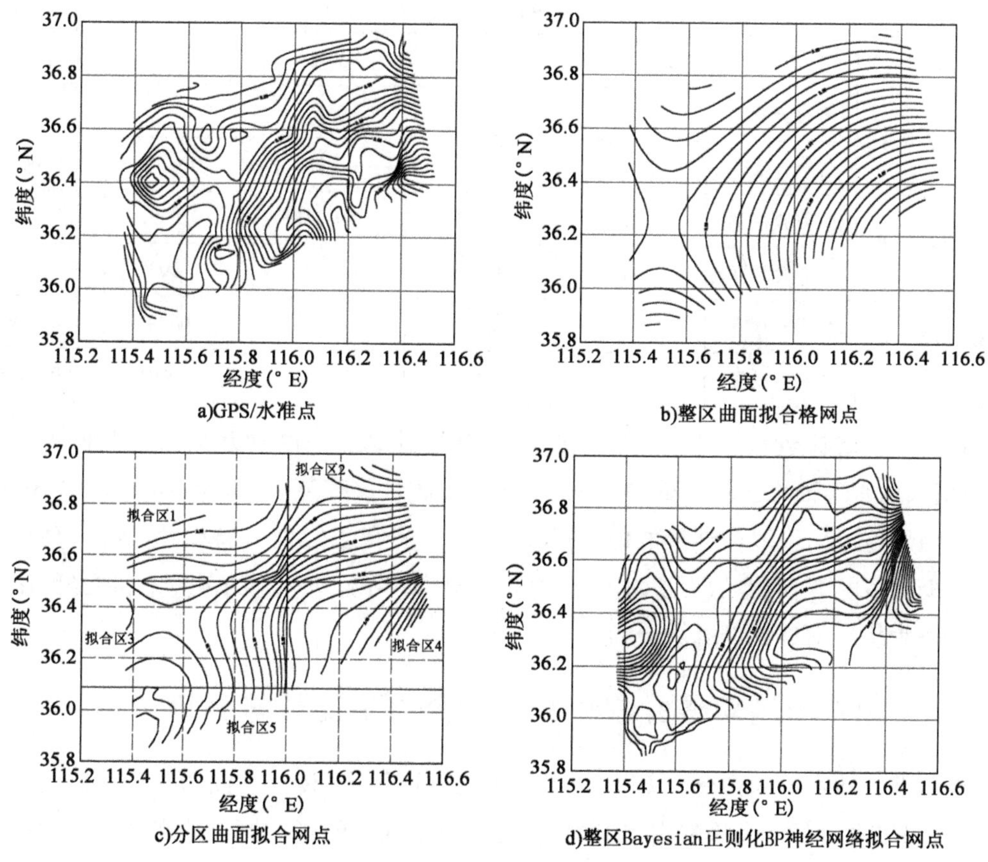

a)GPS/水准点　b)整区曲面拟合格网点　c)分区曲面拟合网点　d)整区Bayesian正则化BP神经网络拟合网点

图 5-3　两类似大地水准面差等值线

将三种拟合方法计算的规则格网的高程异常差,加到重力似大地水准面上,形成该区域似大地水准面模型结果,利用不同方法计算的区域似大地水准面模型,内插区域内 GPS/水准点的高程异常,和 GPS 观测大地高通过下式计算正常高:

$$h = H - \zeta \tag{5-40}$$

计算的正常高与水准实测高程进行比较,对两者的差值进行统计,81 个参加两类似大地水准面拟合的 GPS/水准控制点的比较结果作为内符合精度的检验,34 个区域 D 级 GPS/水准点作为外符合精度的检验,精度评定的表达式为:

$$m = \pm \sqrt{\frac{[\Delta\Delta]}{n}}$$

式中,Δ 为由似大地水准面模型计算的高程异常和 GPS/水准点实测高程异常之差;n 为用于检核 GPS/水准点的个数。

不同方法计算得到模型结果的内、外符合精度的统计结果列于表 5-4。

拟合结果精度统计与比较(单位:m)　　表 5-4

拟合方法	比较项目	检核点个数	最大值	最小值	平均值	标准差
整体曲面拟合结果	内符合精度	81	0.135	-0.159	0.0004	0.0559
	外符合精度	34	0.120	-0.183	-0.0004	0.0636
分区曲面拟合结果	内符合精度	81	0.132	-0.138	-0.0002	0.0464
	外符合精度	34	0.090	-0.139	-0.0005	0.0557
整体 BP 神经网络拟合结果	内符合精度	81	0.081	-0.086	0.0008	0.0299
	外符合精度	34	0.086	-0.116	-0.0006	0.0465

从表 5-4 中的比较数据来看,对于比较大的研究区域,在高程异常控制点较多的情况下,两类似大地水准面在区域内的差别呈不规则性,而且比较复杂,Bayesian 正则化 BP 神经网络方法明显地提高了拟合结果的内、外符合精度。研究也发现,在较小区域内,高程异常控制点较少的情况下,两类似大地水准面在区域内的差别变化不大的情况下,神经网络方法和曲面拟合方法的结果并没有太大的差别。

5.5.3　BP 神经网络方法和曲面拟合方法比较与分析

将重力似大地水准面拟合到 GPS/水准似大地水准面上,传统的曲面拟合方法是常用的数学方法,但该模型是人为构造出来的规则曲面,与不规则的真实似大地水准面之间存在数学模型的差异,引入模型误差,但曲面拟合法计算简单,若已知数据点中含有粗差,可利用抗差估计和模型优化减少粗差对结果的影响。

BP 神经网络方法能有效地减少数学模型的误差,提高拟合精度,Bayesian 正则化算法顾及拟合结果的平滑性,限制过拟合现象,同时提高网络的精度和泛化能力。但存在结果受初始权值和学习集样本子样次序的影响而不稳定的缺点,且不能检测学习集样本中的粗差。在实际应用中,应根据拟合区域似大地水准面变化特点和已知点数据情况,选择适当方法,最大限度地提高重力似大地水准面拟合到 GPS 水准似大地水准面的精度。

5.6 Bayesian 正则化 BP 神经网络方法拟合区域内似大地水准面结果

在区域内利用 Bayesian 正则化 BP 神经网络将重力似大地水准面拟合到 106 个 GPS/水准点为控制的 GPS/水准似大地水准面，作为区域似大地水准面的最后结果。

5.6.1 重力似大地水准面和 GPS/水准似大地水准面拟合

(1)利用区域内 106 个 GPS/水准点的大地坐标在重力似大地水准面格网数值模型中内插重力似大地水准面模型高程异常 ξ_1，从 GPS/水准点实测高程异常 ξ_2 中减去 ξ_1 组成不符值序列 $\Delta\xi$，由于高程异常与点位的平面位置密切相关，而与点位的高程位置关系不大，将输入层元素取为点位的大地坐标(B,L)，输出层元素取为高程异常差 $\Delta\xi$，将 106 个高程异常控制点的信息构成学习集样本：($B_i,L_i;\Delta\xi_i$)，其中，$i=1,2,\cdots,106$。

(2)由于学习集有 106 点数据，根据网络应该具有比训练集中的数据点少的参数的原则，构造 2-20-1 神经网络模型，网络共有 81 个可调节参数(60 个权值和 21 个偏置值)，初始权值随机赋值为接近于零的非零值，可以在不离开性能曲面平坦区域的同时避开可能的鞍点。由于初始权值是随机产生的，不同的初始权值会对最终结果产生影响，但不同初始权值的结果差异一般在毫米级或者更少，可以忽略其影响。

(3)对 BP 神经网络进行训练，将学习集的输入信息通过输入层经隐含层计算每个学习集样本的输出值，根据输出值逐层递归的计算实际输出值与期望输出值之差，据此差调节权值，在误差达到性能指数最小的状态下获得网络 α 和 β 值以及网络最佳权值。

(4)用训练好的神经网络求重力似大地水准面规则格网上的高程异常改正数 $\Delta\xi$，重力似大地水准面格网上的高程异常加高程异常改正数 $\Delta\xi$ 完成将重力似大地水准面拟合到 GPS/水准似大地水准面上。

5.6.2 似大地水准面结果的精度统计

由于 106 个 GPS/水准点参与了似大地水准面模型结果的构建，其检验结果作为内符合精度的检验。利用收集到的区域内两个 C 级 GPS 控制网和相应的三等水准成果进行了外符合精度的统计，由于两个 C 级 GPS/水准网一个在平原区域，一个在山区和丘陵区，外符合精度可以代表区域内似大地水准面的整体精度。需要说明的是，两个 C 级 GPS/水准网的按国家第二期的一、二等水准观测成果进行平差计算(观测时间为 1977～1988 年)，为进行该区域似大地水准面精化，2005～2006 年对区域内一、二等水准路线进行了标石补埋和复测，由于地面沉降等原因,复测结果与原结果有平均约 70 ~ 80cm 左右的系统差,在外符合精度的统计中,对系统差进行了调整。区域内似大地水准面模型结果的内、外符合精度的统计结果列于表 5-5。

似大地水准面结果内、外符合精度统计(单位:m) 表 5-5

比较项目	检核点区域	检核点个数	最大值	最小值	平均值	标准差
内符合精度	全省	106	0.123	-0.166	-0.001	0.045
外符合精度	平原	81	0.250	-0.180	0.000	0.088
	山区、丘陵	49	0.241	-0.255	0.000	0.096

从表 5-5 中的精度统计数据来看,在山区和丘陵地区精度低于平原地区的精度,这与山区和丘陵地区高程异常受地形起伏影响,高频部分变化复杂有关,也与该区域 C 级 GPS 控制网每点观测时间短、大地高精度低有关。似大地水准面模型结果内、外符合精度均优于 10.0cm,表明似大地水准面模型精度达到厘米级,结合 GPS 测量的高精度大地高计算的正常高在该区域可以达到四等及以下几何水准的精度要求,可以满足一般工程测量中 1:2000 以下中、小比例尺地形测图和相应比例尺航测成图像控点对高程的要求。

5.7 结论

利用 Bayesian 正则化 BP 神经网络方法进行重力似大地水准面和 GPS/水准似大地水准面的拟合,比较了 Bayesian 正则化 BP 神经网络方法的初始权值的设置、隐含层神经元单元数和学习集样本子样次序对结果的影响,在两区域利用 Bayesian 正则化 BP 神经网络方法将重力似大地水准面拟合到 GPS/水准似大地水准面上,与曲面拟合方法的结果进行了比较,并进行了内、外符合精度的统计。

(1)阐述了人工神经网络的发展和人工神经网络、性能指数和 LMS 算法等基本概念,对 BP 算法基本原理、Bayesian 正则化 BP 神经网络原理和 Bayesian 正则化 BP 神经网络进行的两类似大地水准面拟合理论进行了详细的论述。

(2)对 Bayesian 正则化 BP 神经网络的初始条件对重力似大地水准面和 GPS/水准似大地水准面的拟合的结果进行比较,包括隐含层神经元个数、初始权值的设置和学习集样本次序等对结果的影响。得出在 GPS/水准点控制区域内,初始权值的设置和学习集样本次序对结果的影响一般小于 10.0mm,对于构建厘米级似大地水准面其影响可不予考虑的结论。

(3)在选定的区域,将 Bayesian 正则化 BP 神经网络方法和曲面拟合方法进行两面拟合的结果进行比较,对于比较大的研究区域、在高程异常控制点较多、两类似大地水准面的差别呈不规则性，而且比较复杂的情况下，Bayesian 正则化 BP 神经网络方法明显地提高了拟合结果的内、外符合精度，说明 Bayesian 正则化 BP 神经网络方法有效地减小了拟合模型带来的误差，提高了拟合精度。对 BP 神经网络方法和曲面拟合方法的优、缺点进行了比较与分析。

(4)在区域内利用 Bayesian 正则化 BP 神经网络将重力似大地水准面拟合到 106 个 GPS/水准点为控制的 GPS/水准似大地水准面，作为区域似大地水准面的最后结果，经检核的结果内、外符合精度均优于 10.0cm。

第6章　多时段、多卫星区域重力场信息融合技术研究

在地形起伏复杂的区域，地球重力场短波成分复杂，地面重力数据获取困难，这些都是困扰这些地区高精度、高分辨率（似）大地水准面精化的瓶颈问题。随着卫星CHAMP、GRACE和GOCE等卫星重力任务的实施，卫星轨道跟踪、卫星重力梯度测量和卫星测高技术等现代重力场探测技术的不断发展和应用，卫星重力信息对于消除陆地重力空白区和改善地面重力稀少区域的分辨率提供了前所未有的条件，（似）大地水准面起伏信息更加丰富，利用卫星重力信息融合技术改进区域（似）大地水准面是新的研究方向。

6.1　多时段卫星重力信息融合理论

将卫星重力场模型按球谐系数展开可计算地球上任意一点的高程异常，计算公式为：

$$\zeta_M = \frac{fM}{\rho \cdot \overline{\gamma}} \sum_{n=2}^{\infty} \sum_{k=0}^{n} \left(\frac{a}{\rho}\right)^n (\overline{C}_{nk}\cos k\lambda + \overline{S}_{nk}\sin k\lambda)\overline{P}_{nk}(\cos\theta) \tag{6-1}$$

式中，ρ 为地面点矢径；θ 为极距；λ 为地心经度；fM 为地球引力常数；$\overline{\gamma}$ 为正常重力均值；$\overline{P}_{nk}(\cos\theta)$ 为完全规格化的伴随勒让德多项式；$\overline{C}_{nk}$ 和 $\overline{S}_{nk}$ 为完全规格化的球谐系数。

分别利用不同时间段重力卫星数据计算的重力场模型计算区域格网结点的高程异常，卫星重力场模型计算的高程异常均包含重力卫星探测到的各计算点位上的区域重力信息。可以认为区域内点的高程异常 ζ 的最优估值不仅与大地坐标 (B,L) 相关，也和模型计算的高程异常 $(\zeta_{M1},\zeta_{M2},\zeta_{M3},\cdots)$ 相关，即存在以下关系式：

$$\zeta = f(B,L,\zeta_{M1},\zeta_{M2},\zeta_{M3},\cdots) \tag{6-2}$$

多时段卫星重力信息融合应用于似大地水准面精化的目的就是在一定分辨率的格网点上，根据已有GPS/水准点的高程异常信息，由各时段卫星重力信息计算每一格网点高程异常的最优估值。

6.2　卫星重力信息融合的计算方法

首先，将输入层元素取为点位的大地坐标和不同时间段卫星重力场模型计算的高程异常，即$(B, L, \zeta_{M1}, \zeta_{M2}, \cdots)$，输出层元素取为GPS/水准实测的高程异常$\zeta$，将所有控制点的信息构成学习集样本：$(B_i, L_i, \zeta_{M1}, \zeta_{M2}, \cdots, \xi_i)$，其中，$i = 1, 2, \cdots, n$。

其次，构造神经网络模型，利用给定学习集样本对网络进行训练，在性能指数最小（网络输出最接近实测的高程异常）的状态下获得网络最佳权值。

最后，用训练好的神经网络，通过输入区域内规则格网的大地坐标和不同时间段卫星重力场模型高程异常，计算区域内规则格网结点高程异常的最优估值。

6.3　GPS/水准数据

我国东部某区域内A、B级GPS网点80点，高程以二等水准测量的精度施测，采用1985国家高程基准，80点GPS/水准点可作为高程异常控制点。GPS控制网采用基于GPS跟踪站的观测模式进行观测，其中A级点观测120h，B级点观测72h，GPS/水准网分布情况如图6-1所示。

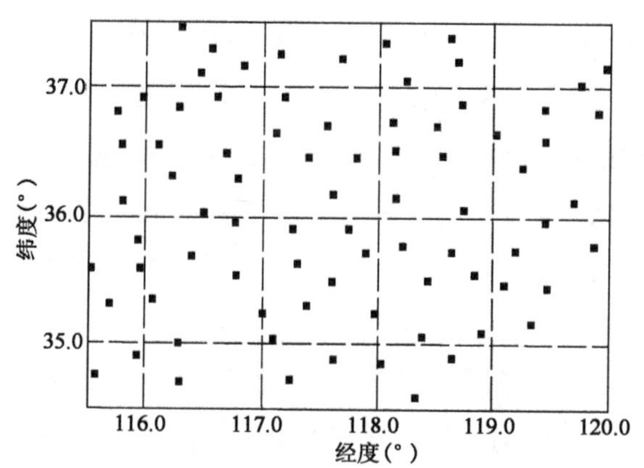

图6-1　东部某区域区域GPS/水准点分布

6.4　基于CHAMP卫星区域重力信息的似大地水准面精化

选取三个完全由CHAMP重力卫星数据计算的重力场模型EIGEN-CHAMP03S、EIGEN-CHAMP05S和AIUB-CHAMP03S，其中EIGEN-CHAMP03S和EIGEN-CHAMP05S两模型都是

德国地球科学中心(GFZ)完全由CHAMP卫星轨道和加速度数据计算的全球重力场模型。EIGEN-CHAMP03S模型使用2000年10月至2003年6月的数据计算而成,完全到140阶次;EIGEN-CHAMP05S使用2002年10月至2008年9月共6年的数据计算而成,完全到150阶次。AIUB-CHAMP03S是由瑞士伯尔尼大学天文研究所完全由CHAMP卫星轨道和加速度数据计算的全球重力场模型,使用2002~2009年共8年的数据计算而成,完全到100阶次。CHAMP重力场模型计算与GPS/水准高程异常高程异常差值统计结果列于表6-1。

CHAMP重力场模型与GPS/水准高程异常差比较(单位:m) 表6-1

重力场模型	点　数	最大值	最小值	平　均	标准差
EIGEN-CHAMP03S	80	0.8473	-0.7363	-0.0059	0.3386
EIGEN-CHAMP05S	80	1.0291	-0.8052	0.0820	0.4085
AIUB-CHAMP03S	80	0.9440	-0.8913	0.1739	0.4436

先将GPS/水准点分为两部分,从区域内均匀地取出19点,作为似大地水准面外符合精度检验点,这19个点不参与区域似大地水准面的构建;剩余的61点参与区域似大地水准面的构建,作为似大地水准面内符合精度检验点,区域似大地水准面分别按下面三个计算方案建立。

方案1:区域内点的高程异常ζ仅与大地坐标(B,L)相关,将输入层元素取为点位的大地坐标,输出层元素取为高程异常ζ,将所有控制点的信息构成学习集样本。

方案2:区域内点的高程异常ζ分别与大地坐标(B,L)和每一个模型计算的高程异常ζ_M相关,将输入层元素取为点位的大地坐标和卫星重力场模型计算的高程异常,即(B,L,ζ_M),输出层元素取为高程异常ζ,将所有控制点的信息构成三个学习集样本。

方案3:区域内点的高程异常ζ与大地坐标(B,L)和三个模型计算的高程异常$(\zeta_{M1},\zeta_{M2},\zeta_{M3})$均相关,将输入层元素取为点位的大地坐标和不同时间段卫星重力场模型计算的高程异常,即$(B,L,\zeta_{M1},\zeta_{M2},\zeta_{M3})$,输出层元素取为高程异常$\zeta$,将所有控制点的信息构成学习集样本。

构造神经网络模型,利用神经网络仿真程序依次针对三个计算方案进行学习,在区域内$2.5'\times2.5'$规则格网上估计格网结点高程异常的最优估值,建立似大地水准面模型。不同方案计算的GPS/水准拟合似大地水准面模型精度结果统计见表6-2。

不同方案计算的似大地水准面模型精度比较(单位:m) 表6-2

计算方案	融合重力场信息	点　数	最大值	最小值	平　均	标准差
方案1	无重力场	61	1.0711	-0.9157	0.3432	0.4275
		19	1.0516	-0.9209	0.4056	0.4702
方案2	EIGEN-CHAMP03S	61	0.5063	-0.5108	-0.0531	0.2322
		19	0.6160	-0.5421	0.0496	0.2872

续上表

计算方案	融合重力场信息	点 数	最大值	最小值	平 均	标准差
方案2	EIGEN-CHAMP05S	61	0.4614	-0.4395	0.0293	0.2655
		19	0.3816	-0.5714	0.0378	0.2902
方案2	AIUB-CHAMP03S	61	0.4978	-0.4986	-0.0106	0.2850
		19	0.4068	-0.6215	0.0410	0.2804
方案3	EIGEN-CHAMP03S EIGEN-CHAMP05S AIUB-CHAMP03S	61	0.3024	-0.3220	0.0353	0.1714
		19	0.3321	-0.3460	0.0404	0.2038

对三种计算方案建立的似大地水准面的精度结果进行比较，从方案1和方案2建立的似大地水准面的统计结果可以看出，融合卫星重力信息的似大地水准面模型的内、外符合精度均有大幅度的提高，表明融合卫星重力信息可提高区域似大地水准面模型的精度。

从方案2和方案3建立的似大地水准面的统计结果来看，利用多时段卫星重力信息比仅利用单一时段卫星重力信息融合建立的似大地水准面相比较，精度也有明显提高，说明随着卫星重力信息的累积，似大地水准面模型的精度可以逐步得到提高。也证明了神经网络技术进行卫星重力信息融合是有效的。其中，方案3建立的区域似大地水准面等值线如图6-2所示。

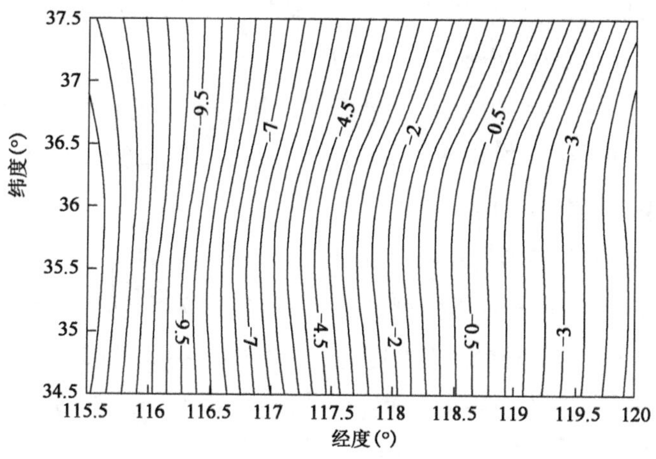

图6-2 CHAMP卫星重力信息融合似大地水准面等值线图

利用区域GPS/水准和由不同时期CHAMP卫星数据计算的重力场模型EIGEN-CHAMP03S、EIGEN-CHAMP05S和AIUB-CHAMP03S为原始数据，通过神经网络方法进行区域重力场信息融合，计算得到区域似大地水准面，对不同计算方案进行比较，得出融合卫星重力信息可明显提高区域似大地水准面模型的精度的结论，也证明了神经网络技术进行卫星重力信息融合是有效的。

由于CHAMP卫星主要优势在于确定地球重力场的长波和部分中波信息，单纯融合CHAMP卫星重力信息，似大地水准面模型的精度难以再进一步的提高，如何有效融合GRACE卫星和GOCE卫星中的地球重力场的中短波信息，在地形起伏区域，考虑高分辨率数字高程模型数据(DEM)计算的似大地水准面起伏的超短波信息，进一步提高区域似大地水准面的精度，是需要继续研究的问题。

6.5 基于GRACE卫星区域重力信息的似大地水准面精化

GRACE是德国和美国联合研制和发射的重力卫星，重要科学目标是提供高精度和高空间分辨率的静态及时变地球重力场，GRACE是两颗卫星的组合，于2002年3月17日发射升空，通过K波段微波系统精确测定出两颗星之间的距离及速率变化来反演地球重力场，设计寿命为5年，圆形近极轨卫星，倾角为89°，初始平均高度为500km，两颗星之间的距离约为216km。RACE卫星轨道低，对地球重力场敏感度高；利用差分观测方式，抵消了测量中的许多公共误差，国际上一些研究机构逐步推出完全基于GRACE卫星观测数据的高精度地球重力场模型，比如EIGEN-GRACE02S，在半波长为1000km的空间分辨率确定的大地水准面精度好于0.001m。数据发布以来GRACE卫星观测资料的研究主要集中在利用GRACE资料确定高精度地球重力场，研究大地水准面和重力异常，利用GRACE时变重力场研究地球表面流体质量的季节性分布变化，特别是全球水质量分布变化。

本节研究选取三个完全由GRACE卫星数据计算的重力场模型，EIGEN-5S是德国地球科学中心完全由2004年10月至2008年11月的GRACE卫星轨道和K-波段距离变率数据计算的全球重力场模型，完全到150阶次。

ITG-Grace2010S是波恩大学(Bonn University)完全由2002年8月至2009年8月的GRACE卫星数据计算的全球重力场模型，完全到180阶次。AIUB-GRACE03S是University of Berne, Astronomical Institute完全由2003年6月至2009年8月的GRACE数据计算的全球重力场模型，完全到160阶次。GRACE重力场模型计算高程异常与GPS/水准高程异常差值统计结果列于表6-3。

GRACE重力场模型计算高程异常与GPS/水准比较结果统计(单位:m)　　表6-3

融合重力场模型	点　数	最大值	最小值	平　均	标准差
AIUB-GRACE03S	80	1.2084	-0.8015	0.1728	0.4285
EIGEN-5S	80	0.8208	-0.4429	0.1655	0.2616
ITG-Grace2010S	80	0.8818	-0.6505	0.1153	0.3001

将 GPS/水准点分为两部分，取出 19 点作为似大地水准面外符合精度检验点，剩余的 61 点参与区域似大地水准面的构建，作为似大地水准面内符合精度检验点。方案 1 假设区域内点的高程异常 ζ 分别与大地坐标(B,L)和每一个模型计算的高程异常 ζ_M 相关；方案 2 区域内点的高程异常 ζ 与大地坐标(B,L)和三个模型计算的高程异常$(\zeta_{M1},\zeta_{M2},\zeta_{M3})$均相关，构造神经网络模型，利用神经网络仿真程序依次针对三个计算方案进行学习，在区域内 $2.5'\times2.5'$规则格网上估计格网结点高程异常的最优估值，建立似大地水准面模型。不同方案计算的 GPS/水准拟合似大地水准面模型精度结果统计列于表 6-4。

不同方案计算的似大地水准面模型精度比较(单位：m) 表 6-4

计算方案	融合重力场模型信息	点 数	最大值	最小值	平 均	标准差
方案 1	AIUB-GRACE03S	61	0.7219	-0.7211	0.0378	0.3982
		19	0.6202	-0.7671	0.0593	0.4021
	EIGEN-5S	61	0.4712	-0.4718	0.0114	0.2484
		19	0.4821	-0.4319	0.0475	0.2710
	ITG-Grace2010S	61	0.4004	-0.4111	-0.0404	0.2388
		19	0.5434	-0.4243	-0.0052	0.2811
方案 2	AIUB-GRACE03S EIGEN-5S ITG-Grace2010S	61	0.1843	-0.2062	0.0009	0.1047
		19	0.3369	-0.2571	0.0581	0.1592

从表 6-4 的方案 1 和方案 2 建立的似大地水准面的统计结果可以看出，融合多模型卫星重力信息比融合单模型卫星重力信息建立的似大地水准面精度有明显提高。融合 GRACE 三模型信息建立的区域似大地水准面等值线如图 6-3 所示。

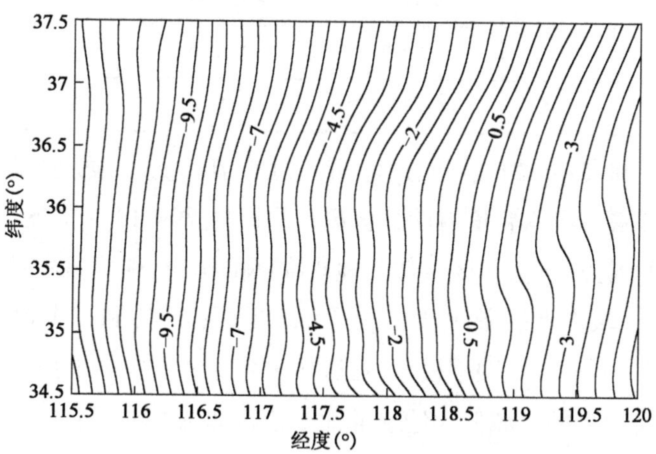

图 6-3 GRACE 卫星重力信息融合似大地水准面等值线图

根据表6-4方案2,GRACE卫星模型融合似大地水准面外符合精度为0.1592m;根据表6-2方案3,CHAMP多模型融合似大地水准面外符合精度为0.2038m,融合GRACE卫星局部重力场信息建立的似大地水准面精度更高。这与GRACE反演地球重力场的精度较CHAMP卫星有较大提高的结论是符合的。

6.6 GOCE卫星区域高程异常信息融合

GOCE卫星于2009年3月17日升空,是地球重力场和海洋环流探测卫星,轨道高度295km,测定地球重力场的精度为1mgal,确定大地的水准面精度达到1~2cm,空间分辨率优于100km。提供了迄今为止最精确的全球重力场数据。2013年11月11日,GOCE卫星完成使命且燃料耗尽,卫星的碎片坠入南大西洋,以安全方式返回地球,收场堪称完美。

GOCE卫星发射于2009年,计算重力场模型可利用数据的时间尺度较短,选用三个原始卫星数据时间段重叠但用不同方法计算的GOCE卫星重力场模型进行计算,三个模型均使用2009年10月31日至2010年7月5日的GOCE卫星重力梯度数据计算的重力场模型。EGM_DIR_R2是使用最小二乘方法(Direct approach-DIR)直接计算位系数,完全到240阶次;EGM_SPW_R2模型使用空域法(Space-wise approach)计算位系数,完全到240阶次;EGM_TIM_R2模型使用时域法(Time-wise approach)计算位系数,完全到250阶次。GOCE重力场模型计算高程异常与GPS/水准高程异常差值统计结果列于表6-5。

GOCE重力场模型计算高程异常与GPS/水准比较结果统计(单位:m) 表6-5

重力场模型	点　数	最大值	最小值	平　均	标准差
EGM_DIR_R2	81	0.9738	-0.3356	0.1470	0.2394
EGM_SPW_R2	81	0.7208	-0.4090	0.1623	0.2068
EGM_TIM_R2	81	0.8108	-0.2610	0.1141	0.2098

从表6-1、表6-3和表6-5的统计结果可知,GOCE卫星重力场模型较CHAMP和GRACE卫星重力场模型计算高程异常精度有明显提高。先同样选取19个GPS/水准点作为似大地水准面外符合精度检验点,不参与区域似大地水准面的构建,利用另外61个GPS/水准点构成学习集样本,认为区域内点的高程异常ζ与大地坐标(B,L)和三个模型计算的高程异常$(\zeta_{M1},\zeta_{M2},\zeta_{M3})$均相关,构造神经网络模型,在区域内建立2.5′×2.5′似大地水准面模型。融合GOCE三模型信息建立的区域似大地水准面等值线如图6-4所示。

应用GPS/水准点进行内、外符合精度的统计,GOCE卫星重力信息融合似大地水准面模型精度统计结果列于表6-6。

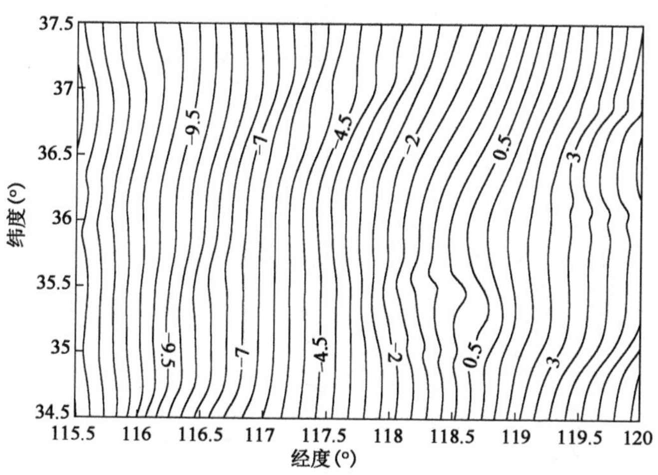

图6-4　GOCE 卫星重力信息融合似大地水准面等值线图

GOCE 卫星重力信息融合似大地水准面模型精度比较(单位:m)　　表6-6

融合信息	点　数	最大值	最小值	平　均	标准差
EGM_DIR_R2 EGM_SPW_R2 EGM_TIM_R2	61	0.2104	-0.2320	-0.0185	0.1332
	19	0.1929	-0.3850	-0.0539	0.1610

虽然 GOCE 卫星重力场模型较 CHAMP 和 GRACE 卫星重力场模型计算高程异常精度有明显提高,但 GRACE 卫星多模型融合似大地水准面精度外符合精度达 0.1592m,GOCE 卫星多模型融合似大地水准面精度外符合精度仅为 0.1610m,笔者认为这是因为 GRACE 卫星轨道数据时间跨度大,不同模型之间局部重力场信息具有互补性,而 GOCE 卫星发射时间较晚,建立三个模型均利用几乎是同时段的短时间的 GOCE 观测数据计算,局部重力场信息没有互补性的缘故。这也验证了神经网络方法融合多时段局部卫星重力场信息可有效提高似大地水准面精度的结论。

6.7　卫星区域高程异常信息融合

CHAMP、GRACE 和 GOCE 三颗重力卫星分别采用 HL-SST、LL-SST 和 SGG 测量模式,可测定不同频谱信息的重力场分量。CHAMP 卫星的主要目的是确定全球中、长波静态重力场,并验证星载加速度计测定非保守力的可行性;GRACE 卫星采用 LL-SST 观测值模式,其观测结果无论在精度还是分辨率都远高于 CHAMP;GOCE 卫星观测信息包含重力场短波频段,有利于局部重力场和(似)大地水准面精化。

比较图 6-2、图 6-3 和图 6-4 可以看出，融合 CHAMP 卫星重力信息建立的似大地水准面包含较少的高频信息，融合 GOCE 卫星重力信息建立的似大地水准面的高频信息较为丰富。

为更好地验证这一结论，去掉该区域似大地水准面变化的趋势性，仅保留似大地水准面变化的细节结构。分别将三卫星建立的似大地水准面格网数值模型减去利用 EGM96 重力场模型前 20 阶次计算的该区域的格网数值高程异常。三个模型剩余高程异常等值线图如图 6-5 ~ 图 6-7 所示。

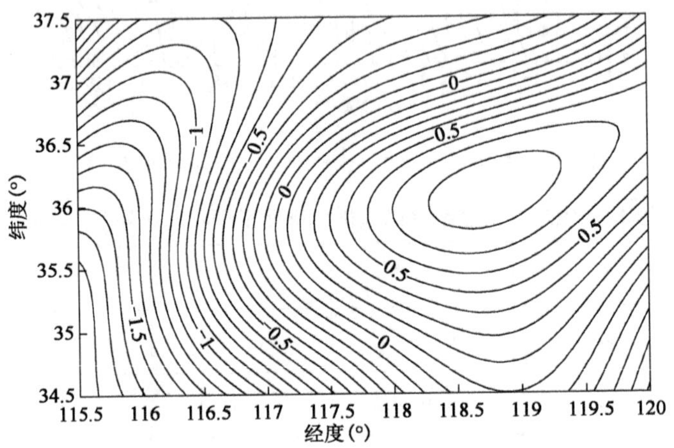

图 6-5　CHAMP 卫星似大地水准面与 EGM96 模型高程异常差

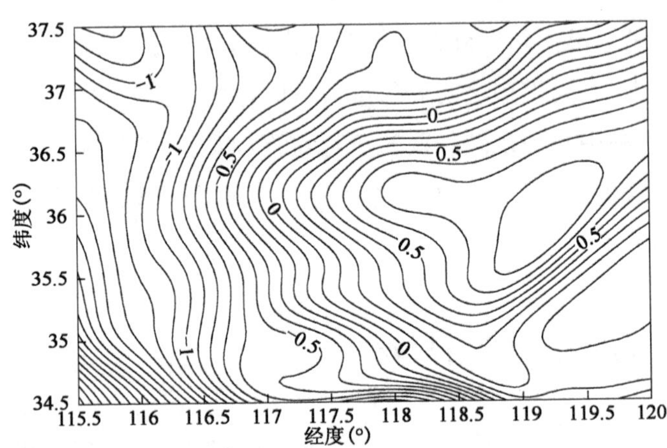

图 6-6　GRACE 卫星似大地水准面与 EGM96 模型高程异常差

三颗重力卫星信息建立的似大地水准面格网数值模型减去利用 EGM96 重力场模型前 20 阶次计算的该区域的格网数值高程异常，剩余高程异常三维模型如图 6-8 ~ 图 6-10 所示。

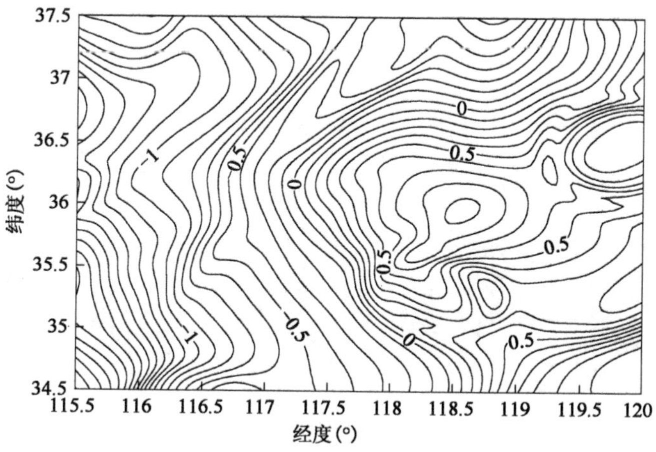

图6-7 GOCE卫星似大地水准面与EGM96模型高程异常差

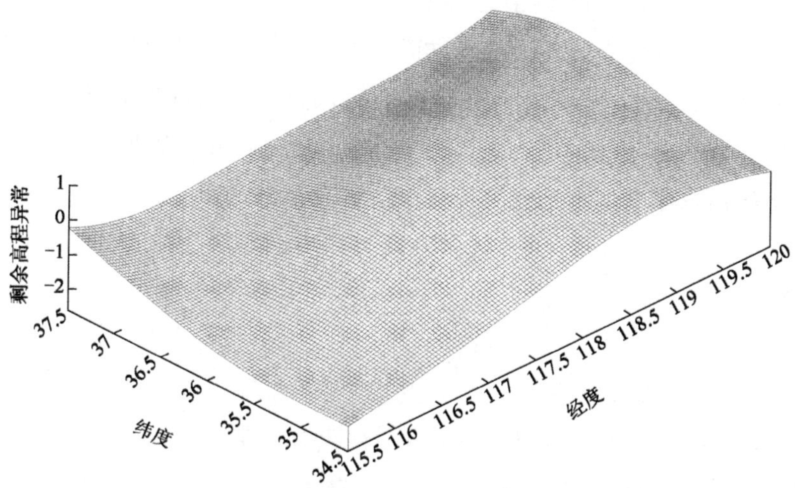

图6-8 CHAMP卫星信息获得的区域中、短波高程异常三维模型

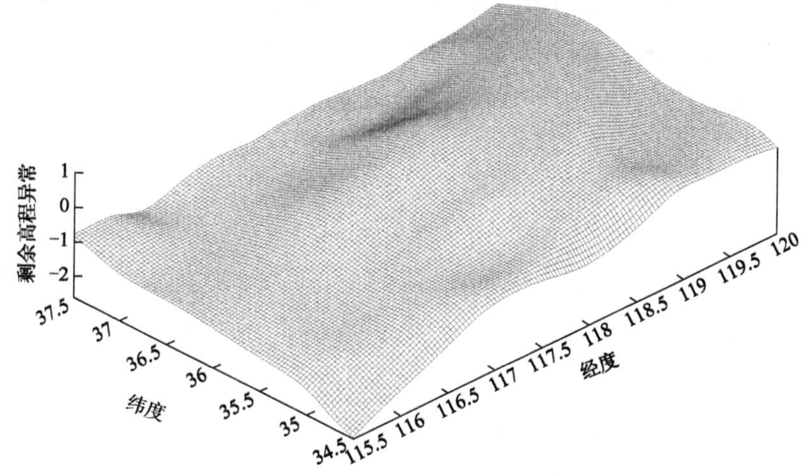

图6-9 GRACE卫星信息获得的区域中、短波高程异常三维模型

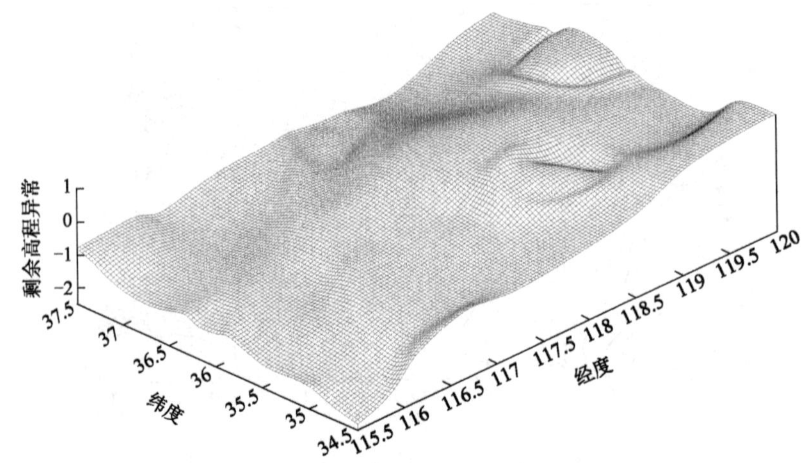

图 6-10 GOCE 卫星信息获得的区域中、短波高程异常三维模型

从三颗重力卫星信息建立的似大地水准面格网数值模型去掉该区域似大地水准面变化的趋势性,仅保留似大地水准面变化的细节结构可以看出,三颗重力卫星信息融合似大地水准面表现的精度和分辨率与每个重力卫星研发的目标是一致的,提供的重力场信息互补,融合三颗重力卫星的信息建立似大地水准面模型应该有更好的精度。

6.8 结论

通过本章研究,可得以下结论:

(1)卫星重力信息应用于区域似大地水准面精化效果明显;多时段卫星重力信息融合可明显提高区域似大地水准面的精度;卫星重力信息随着时间累积逐步增加,利用卫星重力信息代替地面数据精化区域似大地水准面具有更大应用前景。

(2)在区域重力信息融合方面,神经网络技术可以有效融合卫星重力信息与 GPS/水准等多源重力信息,提高区域似大地水准面模型的精度。

第7章　基于卫星重力信息的省级似大地水准面精化研究

主要通过融合卫星重力信息，进行省级似大地水准面精化，研究区域选择山东省区域。山东省在北纬34°25′～38°23′、东经114°36′～122°43′之间，东西最长约700km，南北最宽420km，陆地总面积15.67万km^2。山东省的地势，中部为隆起的山地，东部和南部为和缓起伏的丘陵区，北部和西北部为平坦的黄河冲积平原，是华北大平原的一部分。山东省地形以平原丘陵为主，平原、盆地约占全省总面积的63%；山地、丘陵约占34%；河流、湖泊约占3%。

7.1　似大地水准面格网插值方法及精度分析

区域似大地水准面结果为格网数值模型，使用时需要在离散的GPS点位进行高程异常内插计算，如何选取有效的方法，在高程异常内插计算过程中尽量少损失精度是提高GPS高程转换精度的关键，本节主要针对反距离加权插值和移动曲面拟合插值两种似大地水准面格网插值方法的优劣进行讨论。

7.1.1　反距离加权插值法

如图7-1所示，插值点为$S1$点，首先在似大地水准面格网搜索距离离散点最近的四个角点$B1$、$B2$、$B3$和$B4$，依据四个角点的高程异常按照距离倒数定权的方法进行加权计算，距离近的点给予较大权值，其具体表达式为：

$$\Delta\zeta = \frac{\sum_{i=1}^{n}\Delta\zeta_i \cdot p_i}{\sum_{i=1}^{n}p_i}$$

其中权p取为拟合点至GPS/水准点的距离d的倒数，即：

$$p_i = \frac{1}{d_i + 0.002} \quad (d_i < R_0)$$

式中的分母内引入因子0.002是为了避免当d很小时权接近无穷大。这里d为地球大圆距离，也可用直线距离代替；R_0为选定的区域半径，称为搜索半径。

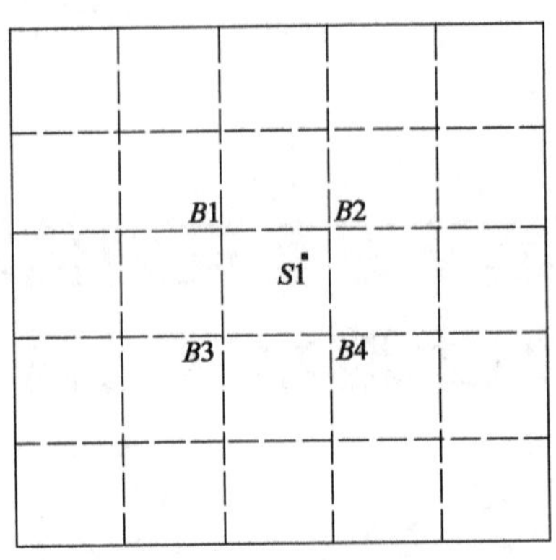

图 7-1　反距离加权插值法

7.1.2　移动曲面拟合插值法

似大地水准面格网插值就是基于邻近高程异常点之间存在相关性，由邻近点的高程异常内插出待定点的高程异常。移动曲面拟合法内插，是选取距离待定点较近的已知点，定义一个局部函数去拟合未知点的高程异常。如图 7-2 所示，若计算 $S1$ 点高程异常，在似大地水准面格网中取出 $B1 \sim B16$ 共 16 点的高程异常，假定在计算点近区高程异常 ζ 与经纬度 (B, L) 存在如下函数关系：

$$\zeta_i = a_0 + a_1 B_i + a_2 L_i + a_3 B_i^2 + a_4 B_i L_i + a_5 L_i^2$$

式中，$a_0, a_1, a_2, a_3, a_4, a_5$ 为多项式系数。

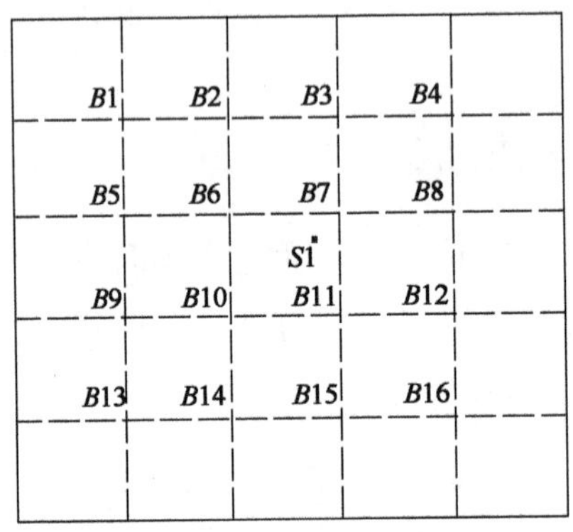

图 7-2　移动曲面拟合插值法示意图

利用 16 个格网点的经纬度和高程异常组成多项式拟合方程，根据最小二乘原理求解拟合方程系数集，得到多项式函数。$S1$ 点高程异常根据经纬度由多项式函数可求得。

7.1.3　数据与计算方案

选取 EGM2008 重力场模型计算的高程异常进行研究，利用 EGM2008 重力场模型计算所选研究区域格网点的高程异常，建立区域 EGM2008 模型似大地水准面格网数值模型。在区域内部随机选取均匀分布的 100 检验点，利用 EGM2008 重力场模型位系数计算这 100 点的高程异常，作为比较值，高程异常均计算至最大阶次，模型高程异常的计算公式为：

$$\zeta_M = \frac{fM}{\rho\bar{\gamma}}\sum_{n=2}^{\infty}\sum_{k=0}^{n}\left(\frac{a}{\rho}\right)^n(\bar{C}_{nk}\cos k\lambda + \bar{S}_{nk}\sin k\lambda)\bar{P}_{nk}(\cos\theta) \tag{7-1}$$

式中，ρ 为地面点矢径；θ 为极距；λ 为地心经度；fM 为地球引力常数；$\bar{\gamma}$ 为正常重力均值；$\bar{P}_{nk}(\cos\theta)$ 为完全规格化的伴随勒让德多项式；$\bar{C}_{nk}$ 和 $\bar{S}_{nk}$ 为重力场完全规格化的球谐系数。

7.1.4　结果与讨论

利用 100 检验点的大地坐标在 EGM2008 模型似大地水准面格网按反距离加权插值和移动曲面拟合插值两种方法进行插值，分别得到 100 检验点的高程异常内插结果，认为 EGM2008 模型计算的检验点的高程异常为真值，将不同方法插值计算的结果分别与之比较，统计结果列于表 7-1。

两种插值方法计算的结果(单位：m)　　表 7-1

插值方法	检核点个数	最大值	最小值	平均值	标准差
反距离加权插值法	100	0.077	-0.079	0.002	0.028
移动曲面拟合插值法	100	0.008	-0.006	0.001	0.002

模拟计算结果显示：在似大地水准面插值中，移动曲面拟合插值法具有较强的适应性，系统偏差基本为零，最大、最小值的绝对值小于 10mm，标准差也远小于反距离加权插值法。在后续的研究中，涉及似大地水准面插值的计算均选用移动曲面拟合插值法，以进行内外符合精度统计。

7.2　仿真软件及 GPS/水准数据

CHAMP、GRACE 和 GOCE 三颗重力卫星已经成功在轨运行，其轨道(地面轨迹)形成一个近全球的密集网状覆盖，能够感受丰富的重力场信息。依据重力卫星轨道数据计算的全球重力场模型也在不断推出。本节主要针对神经网络技术融合卫星重力信息并应用于省级似大地水准面精化进行研究。

7.2.1　神经网络仿真软件

卫星重力信息融合采用编制的神经网络模拟软件，软件对输入层及输出层元素自动进行归一化处理，随机初始化连接权矩阵的所有元素。程序参数系统设置界面如图 7-3 所示。

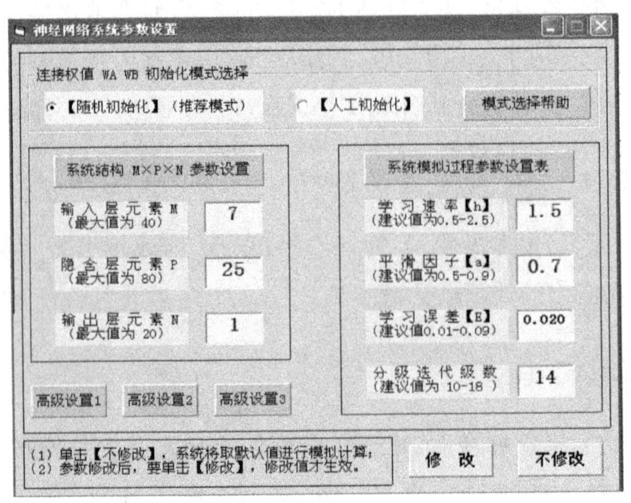

图 7-3　神经网络模拟软件界面

精化似大地水准面的目的在于提高内符合精度的同时也使模型结果的外符合精度达到最优。利用学习误差和分级迭代级数控制学习精度，学习精度要求越高，收敛时间越长。在缺乏局部重力场信息的情况下，学习精度要求过高可能会导致不能收敛的现象，或者计算过程过分迁就学习样本而出现“过拟合”现象（参与学习的样本精度很高，但计算的模型不具有推广性，检验样本精度非常低的情况）。

7.2.2　GPS/水准数据

收集到的山东省区域内 GPS A 级网点共 6 点，B 级网点 101 点（其中一点没有高程数据），可应用 GPS/水准点（高程异常控制点）为 106 点，A、B 级 GPS/水准网 106 点在全省的分布情况如图 7-4 所示。

山东省区域内 A、B 级 GPS/水准网观测工作于 2005 年 8 月开始，2006 年 10 月完成。GPS A、B 级控制网点布设在兼顾均匀原则下，主要布设在国家一、二等水准路线的结点处，并对国家二等水准路线进行全面复测，高程采用 1985 国家高程基准。GPS A、B 级网采用基于 GPS 跟踪站的观测模式进行观测，其中 A 级点观测 120h（5 天 5 夜）。B 级点观测 72h（3 天 3 夜）。GPS 网数据处理完成后，将各 GPS 点的地心坐标转换为 1980 西安坐标系坐标。

外符合精度检验点采用三部分数据，第一部分德州—商丘高速公路夏津段控制测量成果，共 22 点，位于鲁西北平原；第二部分是荣成—文登高速公路控制测量成果，共 99 点，位于山东半岛最东端。这两部分数据 GPS 测量均采用 SDCORS 系统进行，每点均单独测量 5 次，结果取平均值，大地高精度优于 0.008m，高程成果均采用四等水准测量方式施测，高程系统为 1985 国家高程基准。第三部分为原国家测绘局大地测量数据处理中心设计的山东省似大地水准面模型计算出的53点高程异常,既有山东省似大地水准面模型标称外符合精度为0.034m,进行对比的53点中,在山东半岛沿海6点,其余47点分布在山东省黄河以南基本均匀分布。

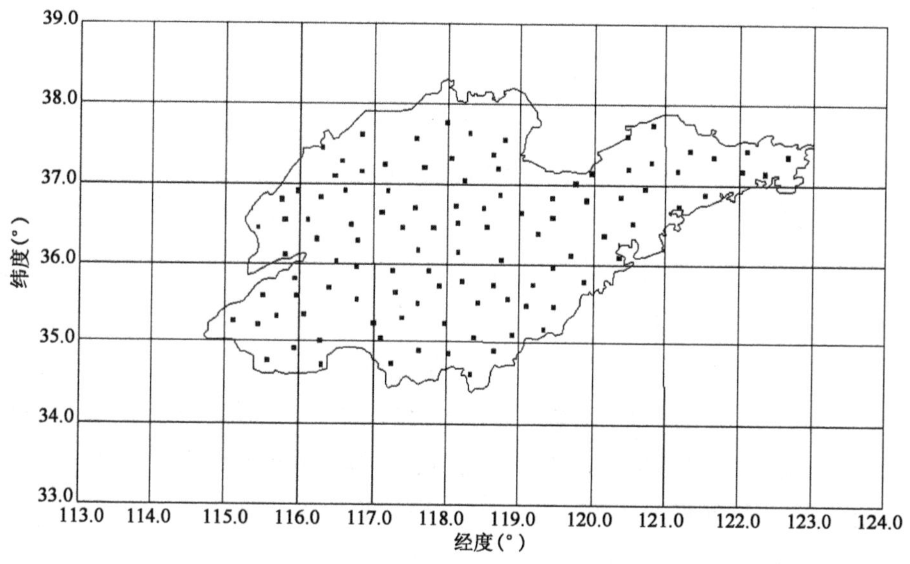

图7-4　山东省区域内B级GPS/水准网点分布示意图

7.3　利用卫星重力信息精化山东省似大地水准面

7.3.1　卫星重力信息融合理论

区域似大地水准面精化的目的是以一定的精度和分辨率确定高程异常,按照Molodensky理论,确定地球上任一点的高程异常需要对全球的重力异常信息进行积分,但全球地面重力数据观测具有不可行性。重力卫星在近地空间轨道运行,能探测全球的重力信息,卫星重力信息是一种良好的信息源,包含全球重力信息。利用卫星重力信息计算的重力场模型可以计算地面任一点的高程异常,多卫星、多时段的卫星重力场模型可以看作是对某点的高程异常的多次观测,如果卫星重力场模型建立是使用的同一卫星数据且时间段有重叠,可以认为两次观测是相关的,不同卫星、不同时间段的重力信息认为是不相关的。由于卫星重力的目的和工作方式不同,每个模型计算的高程异常精度是不同的。每个点位多个模型的高程异常进行加权平均可以提高高程异常确定的精度,具体公式如下。

$$\hat{\zeta} = k_1\zeta_{M1} + k_2\zeta_{M2} + k_3\zeta_{M3} + \cdots + k_n\zeta_{Mn} \quad (k_1 + k_2 + k_3 + \cdots + k_n = 1) \tag{7-2}$$

式中,$\hat{\zeta}$为点位高程异常的估值;ζ_{Mn}为第n个模型计算的高程异常;k_n是第n个模型计算高程异常的权值。

由于卫星轨道覆盖的不均匀性和卫星定轨精度等原因，区域内不同点位每个模型高程异常的权值又是变化的，可以假设权值与位置存在函数关系，即

$$\begin{cases} k_1 = f_1(B,L) \\ k_2 = f_2(B,L) \\ \cdots \\ k_n = f_n(B,L) \end{cases} \tag{7-3}$$

假设每个函数均包含 m 个参数，则只要确定适合该区域重力信息融合的 $n \times m$ 个参数，即可由多卫星重力场信息确定区域似大地水准面。由于利用多源重力信息确定一点的高程异常需要较多参数，简单的数学过程难以模拟这一复杂过程。

人工神经网络模型属于自适应非线性动力学系统，它具有学习、记忆、计算和智能处理功能。以BP神经网络为代表的人工智能方法具有较强的自学习能力、高容错能力和复杂映射能力，可以解决复杂的、非线性、不确定系统问题。本节主要讨论基于神经网络方法的卫星重力信息融合及在省级似大地水准面中的应用。其他方法在以后的研究过程中再进行讨论。

为验证融合卫星重力信息精化似大地水准面的效果，在不增加其他局部重力场信息的情况下，仅利用GPS水准点进行拟合，获得的山东省似大地水准面外符合精度仅为0.470m。

7.3.2 卫星重力场模型

EIGEN-CHAMP03S是德国地球科学中心完全由CHAMP卫星轨道和加速度数据计算的全球重力场模型，使用2000年10月至2003年6月的数据计算而成，完全到140阶次。

EIGEN-5S是德国地球科学中心完全由2004年10月至2008年11月的GRACE卫星轨道和K-波段距离变率数据计算的全球重力场模型，完全到150阶次。

GGM05S完全由2003年3月至2013年5月GRACE卫星K-波段距离变率数据、GPS跟踪卫星轨道数据和星载加速度计数据计算的全球重力场模型，完全到180阶次。由于GGM05S在计算过程中没有进行任何方式的正则化，误差随着阶数增加，GGM05S模型计算者建议在未进行平滑的情况下，最好使用150阶次以下。

EGM_TIM_R4模型是奥地利格拉茨科技大学和德国波恩大学等测地学研究机构共同推出的重力场模型，使用GOCE卫星2009年11月1日至2012年6月19日共计26.5个月的二阶重力梯度和轨道数据以时域法（Time-wise approach）计算而成，计算位系数完全到250阶次。

EGM_DIR _R4模型是德国地球科学中心和法国图卢兹空间大地测量研究所共同推出

的重力场模型，使用 GOCE 卫星 2009 年 11 月 1 日至 2012 年 8 月 1 日共计 837 天的二阶重力梯度和轨道数据以直接法(Direct approach)计算而成，计算位系数，完全到 240 阶次。

7.3.3 计算方案

首先，将收集到的区域内 A、B 级 GPS/水准点大地坐标和高程异常构成学习集样本，设计输入层元素共 7 个，分别为 GPS/水准点位的(B,L)和重力场模型 EIGEN-CHAMP03S、EIGEN-5S、GGM05S、EGM_TIM_R4、EGM_DIR_R4 计算的高程异常，输出层元素取为 GPS/水准实测的高程异常 ζ。

第二，设置系统模拟过程参数，利用给定学习集样本对网络进行训练，在学习精度符合设置要求时，训练结束，获得网络权值，学习精度要求越高，收敛时间越长。

第三，用训练好的神经网络，通过输入区域内规则格网的大地坐标和模型高程异常，计算区域内规则格网结点高程异常的最优估值。完成建立区域似大地水准面格网数值模型。

为评价卫星重力信息建立似大地水准面模型的质量，分别进行内、外符合精度的检验，利用 106 个参与模型构建的 GPS/水准点和未参与模型构建的 174 个 GPS/水准点在似大地水准面格网数值模型中插值，得到高程异常 ζ_1，再由 GPS/水准点计算实测高程异常 ζ_2。由于实测高程异常精度较高，对两者的差值结果进行统计，可对新建模型进行精度评价。参加似大地水准面计算的学习集 106 点的结果作为内符合精度的检验，未参加构建模型的 174 点作为外符合精度的检验，精度评定的表达式为：

$$m = \pm\sqrt{\frac{[\Delta\Delta]}{n}}$$

式中，Δ 为由似大地水准面模型计算的高程异常和 GPS/水准点实测高程异常之差；n 为用于检核 GPS/水准点的个数，这样可以对计算得到模型进行内、外符合精度的检验。

7.3.4 计算结果

利用山东省区域内 106 个 GPS/水准点和 5 个卫星重力场模型计算的高程异常进行局部重力场信息融合，共进行三次计算。神经网络计算参数设置如表 7-2 所示。

神经网络计算参数设置 表 7-2

计算顺序	输入层元素	隐含层元素	学习速率参数	平滑因子参数	训练控制误差(m)	分级迭代级数
第 1 次计算	6	15	1.5	0.7	0.030	14
第 2 次计算	6	20	1.5	0.7	0.020	14
第 3 次计算	6	20	1.5	0.7	0.015	14

第一次计算初步将神经网络训练控制误差选取为 0.030m,分级迭代级数 14 级,建立区域似大地水准面模型。利用区域内 106 个 GPS/水准点进行内符合精度检验,三部分共 174 个 GPS/水准点进行外符合精度检验,精度检验结果如表 7-3 所示。

第 1 次计算结果精度统计(单位:m)　　表 7-3

精度检验项目		检核点数	最大值	最小值	平均值	标准差
内符合精度		106	0.1726	-0.1763	-0.0155	0.1087
外符合精度	荣—文高速	99	0.1970	-0.2530	-0.0232	0.0856
	既有模型	53	0.249	-0.282	-0.0676	0.119
	德—商高速	22	-0.0620	-0.1880	-0.1358	0.0267
	总体	174	0.2490	-0.2820	-0.0518	0.1123

第一次计算模型的内符合精度为 0.1087m,外符合精度总体为 0.1123m,利用既有模型计算的 53 个检测点分布范围广,基本反映模型的总体精度。内外符合精度,德—商高速的检验点集中在一个工程区域,平均值为 -0.1358m,说明所建立的模型在局部还存在系统偏差,本次计算对神经网络学习精度要求低,训练不充分。

将神经网络训练控制误差修改为 0.020,进行第二次训练,建立区域似大地水准面模型。利用区域内 106 个 GPS/水准点进行内符合精度检验,三部分共 174 个 GPS/水准点进行外符合精度检验,精度检验结果如表 7-4 所示。

第 2 次计算结果精度统计(单位:m)　　表 7-4

精度检验项目		检核点数	最大值	最小值	平均值	标准差
内符合精度		106	0.1160	-0.1200	-0.0033	0.0785
外符合精度	荣—文高速	99	0.2740	-0.080	0.1054	0.058
	既有模型	53	0.2610	-0.1710	-0.0366	0.0916
	德—商高速	22	0.0640	-0.0680	0.0030	0.0361
	总体	174	0.2740	-0.171	0.0490	0.0944

第二次计算模型的内符合精度为 0.0785m,外符合精度总体为 0.0944m,较第一次计算内外符合精度都有提高,荣文高速的 99 个检测点平均值为 0.1054m,说明所建立的模型在局部还存在系统偏差。利用较少的 GPS/水准点和卫星重力信息融合,所建立模型外符合总体精度达到 0.0944m,比仅用 GPS/水准点进行拟合建立的山东省似大地水准面模型精度有较大幅度提高,说明卫星重力信息可以代替地面重力测量提高区域似大地水准面的精度和分辨率。卫星重力信息建立的区域似大地水准面如图 7-5 所示。

为尝试是否可以进一步提高模型精度,将神经网络训练控制误差修改为 0.015,进行第三次训练,建立区域似大地水准面模型。进行外符合精度检验,精度检验结果如表 7-5 所示。

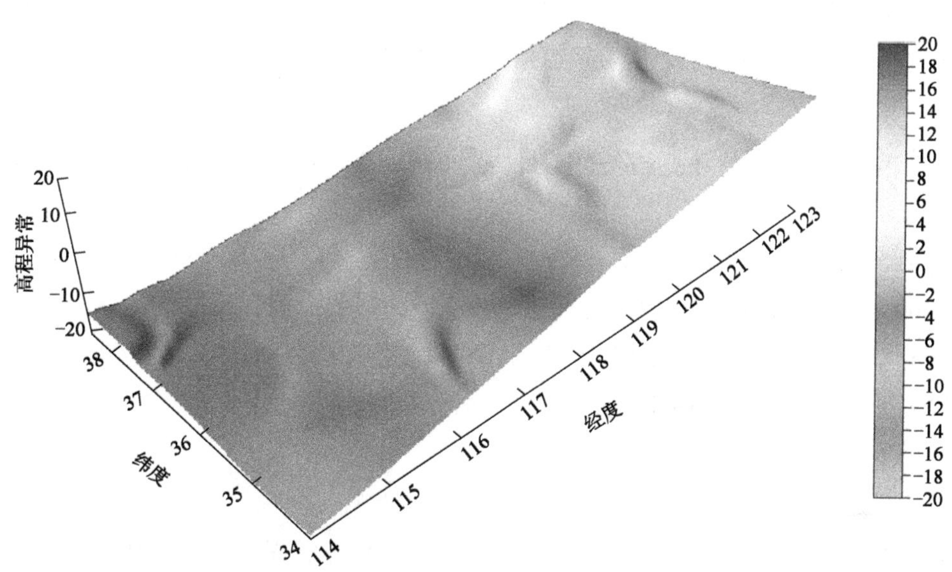

图 7-5　卫星重力信息建立的区域似大地水准面三维模型

第三次计算结果精度统计(m)　　表 7-5

精度检验项目		检核点数	最大值	最小值	平均值	标准差
内符合精度		106	0.0910	-0.0890	0.0101	0.0562
外符合精度	荣—文高速	99	0.3810	0.0260	0.2176	0.0725
	既有模型	53	0.1900	-0.2360	-0.0407	0.1024
	德—商高速	22	0.0900	-0.044	0.0374	0.0390
	总体	174	0.3810	-0.2360	0.1136	0.1419

第三次计算模型的内符合精度为 0.0562m，外符合精度总体为 0.1419m，内符合精度提高而外符合精度反而降低，说明仅利用既有区域重力场信息并不能无限制地提高模型的精度，提高样本的学习精度可能会导致计算过程过分迁就学习样本而出现“过拟合”现象，检验样本精度非常低。要想进一步提高模型的精度，必须增加局部重力场信息。

7.3.5　讨论

利用卫星重力信息和山东省区域 GPS/水准点进行信息融合，得到最优内符合精度为 0.0785m，外符合精度为 0.0944m 的区域似大地水准面模型，较仅利用 GPS/水准点信息建立的区域似大地水准面模型精度有明显提高。说明融合卫星重力信息，可有效提高区域似大地水准面模型的精度和分辨率。

研究过程中，采用神经网络方法进行信息融合，取得较好效果，说明神经网络技术可有效融合多源区域重力场信息。人工神经网络方法进行卫星重力融合并建立地面重力信息缺乏区域高精度、高分辨率的似大地水准面模型是值得研究的新方法。

7.4 多源重力信息融合精化山东省似大地水准面

在以往的研究中，利用山东省区域内 GPS/水准点和重力似大地水准面，建立外符合精度约为 0.090m 的似大地水准面模型。在 7.3 节研究中，融合卫星重力信息，建立外符合精度为 0.0944m 的似大地水准面模型。利用卫星重力信息，是否可以进一步改进 GPS/水准点和重力似大地水准面建立的省级似大地水准面模型是本节研究的重点。

7.4.1 计算方案

首先，将收集到的区域内 A、B 级 GPS/水准点大地坐标和高程异常构成学习集样本，设计输入层元素共 7 个，分别为 GPS/水准点位的(B,L)和重力场模型 EIGEN-CHAMP03S、EIGEN-5S、GGM05S、EGM_TIM_R4、EGM_DIR_R4 和重力似大地水准面计算的高程异常，输出层元素取为 GPS/水准实测的高程异常 ξ。

第二，设置系统模拟过程参数，逐步提高学习精度要求高，在提高模型内符合精度的同时获得最优外符合精度，建立区域似大地水准面格网数值模型。

第三，对建立的模型利用式(7-7)分别进行内、外符合精度的检验。

7.4.2 计算结果

利用山东省区域内 106 个 GPS/水准点和 5 个卫星重力场模型计算的高程异常进行局部重力场信息融合，共进行三次计算，计算参数设置如表 7-6 所示。

卫星重力信息融合神经网络计算参数设置 表 7-6

计算顺序	输入层元素	隐含层元素	学习速率参数	平滑因子参数	训练控制误差(m)	分级迭代级数
第一次计算	6	15	1.5	0.7	0.040	14
第二次计算	6	20	1.5	0.7	0.030	14
第三次计算	6	20	1.5	0.7	0.020	14

第一次计算初步将神经网络训练控制误差选取为 0.040，分级迭代级数 14 级，建立区域似大地水准面模型。利用区域内 106 个进行内符合精度检验，三部分共 174 个 GPS/水准点进行外符合精度检验，精度检验结果如表 7-7 所示。

第一次计算训练控制误差选取为 0.040，计算能较快收敛，从模型的信息源来看，加地面实测重力数据计算的重力似大地水准面信息较仅利用卫星重力信息计算的似大地水准面模型精度明显提高。但从第一次计算精度统计结果看,最大误差较大,德—商高速检验点的误差都为负值,说明在部分区域拟合结果存在系统差。神经网络模型还有进一步学习的必要。

第一次计算结果精度统计(单位:m) 表7-7

精度检验项目		检核点数	最大值	最小值	平均值	标准差
内符合精度		106	0.0670	-0.0670	0.0005	0.0442
外符合精度	荣—文高速	99	0.2180	-0.1350	0.0602	0.0523
	既有模型	53	0.1360	-0.3440	-0.0034	0.1043
	德—商高速	22	-0.0200	-0.109	-0.0592	0.0235
	总体	174	0.2180	-0.3440	0.0255	0.0822

第二次计算初步将神经网络训练控制误差选取为0.030,分级迭代级数14级,建立区域似大地水准面模型。利用区域内106个进行内符合精度检验,三部分共174个GPS/水准点进行外符合精度检验,精度检验结果如表7-8所示。

第二次计算结果精度统计(单位:m) 表7-8

精度检验项目		检核点数	最大值	最小值	平均值	标准差
内符合精度		106	0.0550	-0.0580	-0.0006	0.0325
外符合精度	荣—文高速	99	0.2120	-0.1450	0.0670	0.0672
	既有模型	53	0.1630	-0.2730	-0.0094	0.0881
	德—商高速	22	0.0560	-0.0540	-0.0067	0.0242
	总体	174	0.2120	-0.2730	0.0342	0.0799

第二次计算结果的内、外符合精度均较第一次计算有提高,说明第二次计算区域重力信息融合更充分。

为尝试进一步提高模型精度并限制出现过拟合现象,将神经网络训练控制误差修改为0.020,进行第三次训练,建立区域似大地水准面模型。进行外符合精度检验,精度检验结果如表7-9所示。

第三次计算结果精度统计(单位:m) 表7-9

精度检验项目		检核点数	最大值	最小值	平均值	标准差
内符合精度		106	0.0460	-0.0510	-0.0007	0.0255
外符合精度	荣—文高速	99	0.2080	-0.1650	0.0700	0.0722
	既有模型	53	0.1960	-0.2820	-0.0081	0.0896
	德—商高速	22	0.1030	-0.0850	-0.0052	0.0365
	总体	174	0.2080	-0.2820	0.0356	0.0823

第三次计算训练控制误差选取为0.020，内符合精度进一步提高，但在未增加区域重力信息的情况下，单纯提高训练控制误差导致训练过分迁就学习样本而出现“过拟合”现象，使计算的模型推广性稍差，检验样本精度降低。在这样的情况下，要想提高模型的精度，期待更多的卫星重力信息参与融合。

从总体精度来看，第二次计算结果的外符合精度最优，174个GPS/水准点外符合精度检验为0.0799m，较仅利用卫星重力信息计算的似大地水准面模型，精度有明显提高。

需要说明的是，由于用于组成学习集样本的GPS/水准点主要在山东省内分布，边界及GPS/水准控制区域之外，似大地水准面模型的精度会有所失真。最优似大地水准面模型等值线如图7-6所示。

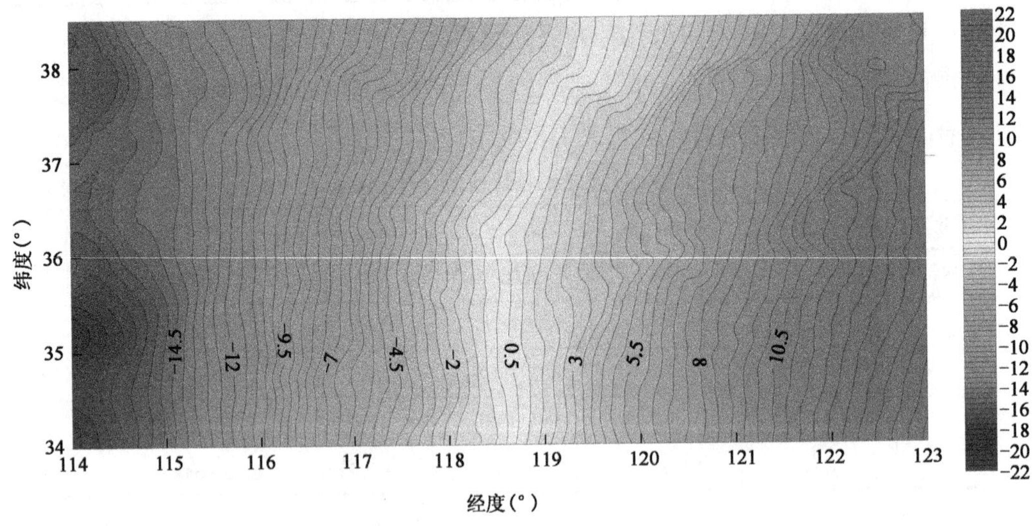

图7-6 多源重力信息建立的区域似大地水准面等值线

利用山东省区域内GPS/水准点和重力似大地水准面，融合卫星重力信息建立外符合精度为0.0799m的似大地水准面模型，精度优于仅利用卫星重力信息计算的似大地水准面模型，也优于仅利用地面重力信息计算的似大地水准面模型，再次验证神经网络方法进行区域重力信息融合的有效性，也验证地面实测重力信息和多时段、多卫星重力信息融合改进区域似大地水准面模型的有效性。

将外符合精度最优模型作为结果，106个内符合精度检验点实测和利用似大地水准面模型计算正常高列于表7-10。其中实测高程异常为GPS/水准点根据GPS观测大地高减水准测量正常高得到，内插高程异常为利用似大地水准面内插计算，高程异常差为实测高程异常与内插高程异常之差。需要说明的是，表中数据均作了技术处理，不可直接引用。

多源重力信息似大地水准面结果内符合精度表　　表7-10

点　名　称	经度（°）	纬度（°）	实测高程异常（m）	内插高程异常（m）	高程异常差（m）
1042	118.34698	36.03601	-2.693	-2.721	0.028
1043	120.06579	36.01210	3.525	3.536	-0.011
1044	117.08390	35.64469	-6.245	-6.290	0.045
1045	120.50284	35.37926	5.504	5.514	-0.010
1046	116.70590	34.58897	-7.377	-7.376	-0.001
5047	118.51085	34.13308	-0.432	-0.456	0.024
KZ01	118.07161	36.74013	-3.949	-3.914	-0.035
KZ02	121.25514	36.72433	6.601	6.594	0.007
KZ03	118.42453	36.61753	-2.701	-2.642	-0.058
KZ04	116.76467	36.59107	-8.022	-8.055	0.033
KZ05	120.86741	36.17935	5.924	5.933	-0.009
KZ06	117.59328	36.55543	-5.294	-5.327	0.033
KZ07	118.96299	36.53875	-1.175	-1.171	-0.004
KZ08	122.70027	36.41803	10.324	10.368	-0.044
KZ09	116.15983	36.43383	-10.124	-10.114	-0.010
KZ10	121.80381	36.41127	8.429	8.393	0.036
KZ11	118.77918	36.35575	-1.761	-1.705	-0.056
KZ12	123.33108	36.33918	12.278	12.298	-0.020
KZ13	118.14583	36.31505	-3.394	-3.401	0.006
KZ14	122.16938	36.33410	9.158	9.188	-0.029
KZKZ	116.45788	36.27055	-8.977	-9.024	0.046
KZ16	117.12263	36.23198	-6.951	-7.001	0.051
KZ17	120.84855	36.58641	5.382	5.338	0.044
KZ18	121.23573	36.26715	7.050	7.018	0.032
KZ19	117.72411	36.20022	-4.806	-4.861	0.055
KZ20	118.85241	36.18414	-1.253	-1.258	0.005
KZ21	121.62359	36.16152	8.066	8.099	-0.034
KZ22	122.62701	36.16363	10.187	10.219	-0.032
KZ23	116.76329	36.14692	-8.198	-8.169	-0.029
KZ24	120.30837	36.13832	3.973	3.978	-0.005
KZ25	122.97350	36.13621	11.348	11.293	0.055
KZ26	116.35167	36.09334	-9.480	-9.431	-0.049
KZ27	117.16678	35.91640	-6.621	-6.574	-0.047

续上表

点 名 称	经度 (°)	纬度 (°)	实测高程异常 (m)	内插高程异常 (m)	高程异常差 (m)
KZ28	121.14308	35.94566	7.250	7.208	0.042
KZ29	116.51054	35.91202	-8.938	-8.904	-0.034
KZ30	115.78939	35.90946	-11.322	-11.337	0.014
KZ31	122.04560	35.87321	9.178	9.183	-0.006
KZ32	118.89377	35.86724	-0.450	-0.455	0.005
KZ33	120.75896	35.84178	6.218	6.251	-0.032
KZ34	116.14140	35.83788	-10.073	-10.119	0.047
KZ35	119.71184	35.82877	2.553	2.581	-0.028
KZ36	115.53722	35.80530	-12.108	-12.105	-0.003
KZ37	120.23199	35.80477	4.287	4.258	0.029
KZ38	118.21622	35.73008	-2.412	-2.376	-0.035
KZ39	121.63326	35.73049	8.314	8.298	0.016
KZ40	117.58129	35.70394	-4.543	-4.583	0.040
KZ41	118.64712	35.70126	-1.006	-1.019	0.013
KZ42	119.22792	35.64440	1.002	1.054	-0.052
KZ43	119.71534	35.59141	2.987	2.961	0.027
KZ44	115.58834	35.55589	-11.832	-11.802	-0.030
KZ45	115.94357	35.55743	-10.544	-10.545	0.001
KZ46	116.60293	35.49741	-7.942	-7.991	0.049
KZ47	118.24105	35.52161	-1.736	-1.718	-0.017
KZ48	120.94527	35.53045	6.795	6.804	-0.009
KZ49	118.70701	35.48299	-0.441	-0.415	-0.026
KZ50	117.87311	35.46892	-2.881	-2.924	0.043
KZ51	117.40188	35.46997	-4.560	-4.524	-0.036
KZ52	115.17904	35.46030	-13.153	-13.101	-0.051
KZ53	119.48776	35.39218	2.296	2.258	0.038
KZ55	116.08133	35.32703	-9.843	-9.824	-0.019
KZ56	116.71654	35.30601	-7.344	-7.351	0.007
KZ57	118.45350	33.68618	-0.813	-0.837	0.024
KZ58	117.64046	35.19190	-3.703	-3.742	0.039
KZ60	118.25119	35.16334	-1.315	-1.281	-0.034
KZ61	120.00013	35.13430	3.968	3.988	-0.020
KZ62	120.73222	35.10692	5.743	5.793	-0.050

续上表

点　名　称	经度（°）	纬度（°）	实测高程异常（m）	内插高程异常（m）	高程异常差（m）
KZ63	118.91690	35.07720	0.849	0.843	0.007
KZ64	116.38730	35.05205	-8.493	-8.528	0.035
KZ65	119.71926	34.98916	3.208	3.237	-0.029
KZ66	116.69214	34.98374	-7.466	-7.490	0.024
KZ67	117.79920	34.93612	-2.934	-2.913	-0.021
KZ68	117.25102	34.93437	-5.131	-5.125	-0.006
KZ69	115.75205	34.84713	-11.063	-11.097	0.034
KZ70	118.31800	34.80827	-1.170	-1.166	-0.004
KZ71	120.19473	34.81039	4.237	4.210	0.027
KZ72	119.42010	34.77336	2.549	2.535	0.015
KZ73	118.80179	34.76736	0.439	0.476	-0.037
KZ74	116.27366	34.73173	-9.198	-9.192	-0.006
KZ75	117.95875	34.75720	-2.302	-2.315	0.013
KZ76	117.29663	34.67753	-4.861	-4.819	-0.042
KZ77	115.26302	34.63749	-12.707	-12.752	0.046
KZ78	119.02844	34.59688	1.304	1.304	0.000
KZ79	118.56607	34.55581	-0.381	-0.337	-0.045
KZ80	117.63745	34.54520	-3.498	-3.535	0.036
KZ81	119.31275	34.52031	2.127	2.100	0.028
KZ82	119.73846	34.49988	2.994	2.969	0.025
KZ84	115.89314	34.40996	-10.458	-10.425	-0.033
KZ85	115.47364	34.37849	-11.866	-11.901	0.035
KZ86	117.38957	34.36539	-4.514	-4.533	0.019
KZ87	116.96061	34.30736	-6.284	-6.329	0.045
KZ88	114.80541	34.31911	-14.689	-14.699	0.011
KZ89	118.05392	34.30892	-2.052	-2.003	-0.049
KZ90	115.18403	34.27726	-12.935	-12.949	0.014
KZ91	119.58367	34.23388	2.655	2.651	0.004
KZ92	119.09330	34.16501	1.351	1.391	-0.040
KZ93	116.14785	34.08391	-9.450	-9.402	-0.047
KZ94	117.06374	34.11515	-6.025	-5.984	-0.041
KZ95	115.77329	34.63774	-10.974	-10.921	-0.053
KZ96	115.74642	33.99107	-11.184	-11.229	0.045

续上表

点　名　称	经度(°)	纬度(°)	实测高程异常(m)	内插高程异常(m)	高程异常差(m)
KZ97	118.81047	33.97903	0.606	0.601	0.005
KZ98	118.12011	33.93410	-2.039	-2.035	-0.005
KZ99	117.65515	33.96575	-3.709	-3.665	-0.044
KD00	115.33655	33.84817	-12.666	-12.619	-0.047
KD01	117.23244	33.81178	-5.376	-5.377	0.001
KD02	116.16015	33.79539	-9.070	-9.084	0.014
KD03	115.59963	35.13509	-11.593	-11.626	0.033

收集到荣成—文登高速公路99个GPS/水准点，点位较为集中，位于山东半岛最东端，是建立的似大地水准面模型精度薄弱区域，尤其最东端，存在明显系统差，若要进一步提高模型精度，应在学习集样本中增加样本密度。荣成—文登高速公路99个外符合精度检验点实测和利用似大地水准面模型计算正常高列于表7-11。表中数据作了技术处理，不可直接引用。

多源重力信息似大地水准面结果外符合精度(荣文高速)　　表7-11

点　名　称	经度(°)	纬度(°)	实测高程异常(m)	内插高程异常(m)	高程异常差(m)
JM2	122.5282139	36.0836418	11.500	11.387	0.113
JM3	122.5278156	36.0824917	11.497	11.388	0.109
RW25	122.5252918	36.0818818	11.493	11.381	0.112
JM301北	122.5333233	36.0835742	11.528	11.404	0.124
Jm301南	122.5313734	36.0816610	11.516	11.405	0.111
Jm1	122.5318643	36.0837419	11.514	11.404	0.110
Rw26	122.5225999	36.0831718	11.482	11.375	0.107
Jm5	122.5213521	36.0832275	11.472	11.370	0.102
Jm6	122.5206781	36.0820224	11.501	11.370	0.131
Rw27	122.5197181	36.0832516	11.491	11.365	0.126
Jm7	122.5197656	36.0817471	11.494	11.368	0.126
Jm8	122.5186339	36.0829110	11.501	11.362	0.139
Jm9	122.5144943	36.0807675	11.466	11.352	0.114
Jm10	122.5151790	36.0821113	11.458	11.352	0.106
水库	122.5112665	36.0827638	11.450	11.339	0.111
Rw38	122.4723209	36.0717833	11.309	11.219	0.090
Jm12	122.4684049	36.0713932	11.291	11.207	0.084

续上表

点 名 称	经度 (°)	纬度 (°)	实测高程异常 (m)	内插高程异常 (m)	高程异常差 (m)
Jm13	122.4704015	36.0718275	11.294	11.212	0.082
Rw42	122.4610611	36.0712790	11.268	11.182	0.086
Rw31	122.5053892	36.0787274	11.411	11.317	0.094
Rw30	122.5087752	36.0789909	11.456	11.328	0.128
JM14	122.4620007	36.0721302	11.294	11.184	0.110
Jm15	122.4600551	36.0722753	11.302	11.177	0.125
Rw43	122.4587932	36.0713010	11.293	11.175	0.118
Rw47	122.4446662	36.0734398	11.278	11.113	0.165
Rw46	122.4477352	36.0728466	11.287	11.124	0.163
Rw45	122.4506811	36.0712803	11.293	11.137	0.156
Rw44	122.4542141	36.0708680	11.278	11.150	0.128
Rw48	122.4370209	36.0721752	11.222	11.088	0.134
Rw49	122.4339137	36.0724416	11.181	11.077	0.104
Jm17	122.4306384	36.0748998	11.235	11.061	0.174
Rw55	122.4115422	36.0710971	11.142	11.002	0.140
Rw57	122.4054228	36.0704259	11.151	10.982	0.169
Rw60	122.3951073	36.0672948	11.071	10.951	0.120
RW32	122.5014561	36.0769756	11.333	11.306	0.027
曲家沟东	122.4940154	36.0746475	11.358	11.284	0.074
蔡家	122.3140393	36.0571604	10.935	10.723	0.212
RWB49	122.3157432	36.0527247	10.837	10.737	0.100
RWB26	122.3158469	36.0594447	10.786	10.725	0.061
RWB48	122.3200308	36.0544850	10.905	10.748	0.157
RWB25	122.3188304	36.0586264	10.819	10.736	0.083
RWB28-1	122.3047749	36.0576030	10.546	10.691	-0.145
RWB30	122.2990739	36.0563593	10.799	10.674	0.125
RWB35-1	122.2780503	36.0563644	10.538	10.605	-0.067
RWB42-1	122.2587739	36.0566388	10.674	10.542	0.132
RWB43	122.2542446	36.0574441	10.564	10.526	0.038
RWB45-1	122.2467870	36.0576743	10.558	10.501	0.057
RWB47	122.2420133	36.0569283	10.628	10.494	0.134
RB110	122.2379942	36.0553166	10.532	10.485	0.047
RB111	122.2350117	36.0548829	10.606	10.477	0.129

续上表

点 名 称	经度 (°)	纬度 (°)	实测高程异常 (m)	内插高程异常 (m)	高程异常差 (m)
RWB15	122.3675934	36.0652872	11.049	10.878	0.171
RWB14	122.3711860	36.0655337	11.053	10.889	0.164
RWB12	122.3771406	36.0660270	11.065	10.908	0.157
BH	122.3828388	36.0651422	10.996	10.931	0.065
金岭	122.3605423	36.0624533	10.965	10.864	0.101
RWB19	122.3429593	36.0612931	10.914	10.808	0.106
Rw11	122.2316279	36.0532150	10.567	10.470	0.097
B114	122.2234330	36.0506872	10.524	10.450	0.074
Rw115	122.2203931	36.0492815	10.537	10.444	0.093
Rw116	122.2086666	36.0486818	10.504	10.409	0.095
Rw117	122.2054985	36.0480307	10.418	10.401	0.017
Rw118	122.2006531	36.0481789	10.434	10.418	0.016
Rw119	122.1980141	36.0482131	10.417	10.409	0.008
B120	122.1945746	36.0477354	10.432	10.400	0.032
Rw124	122.1799552	36.0481051	10.376	10.352	0.024
B123	122.1807748	36.0456532	10.425	10.362	0.063
B122	122.1850679	36.0464047	10.405	10.373	0.032
Rw121	122.1899477	36.0476481	10.429	10.385	0.044
Rw125	122.1749634	36.0465158	10.327	10.341	-0.014
吴家滩	122.1697919	36.0480377	10.324	10.321	0.003
昌阳河	122.1654753	36.0483668	10.295	10.307	-0.012
RW31	122.1488240	36.0594535	10.251	10.237	0.014
RW130	122.1522124	36.0574440	10.268	10.252	0.016
RW129	122.1529979	36.0520995	10.242	10.269	-0.027
RW132	122.1484609	36.0620321	10.235	10.230	0.005
RW134	122.1427202	36.0642157	10.209	10.208	0.001
金格南里	122.1230270	36.0737082	10.139	10.131	0.008
金格南里东	122.1261900	36.0706887	10.136	10.146	-0.010
RW141	122.1147938	36.0773382	10.099	10.106	-0.007
RW142	122.1110476	36.0788208	10.057	10.093	-0.036
RW143	122.1071705	36.0789810	10.031	10.082	-0.051
RW144	122.1030103	36.0798640	10.053	10.069	-0.016
RW149	122.0890033	36.0842462	10.025	10.007	0.018

续上表

点　名　称	经度 (°)	纬度 (°)	实测高程异常 (m)	内插高程异常 (m)	高程异常差 (m)
藏格庄	122.0789040	36.0825336	9.943	9.984	-0.041
BD133	122.1441543	36.0619713	10.259	10.226	0.033
BD135	122.1374906	36.0665405	10.206	10.192	0.014
RW136	122.1345917	36.0676943	10.232	10.180	0.052
RW137	122.1318334	36.0680256	10.182	10.171	0.011
RW138	122.1296714	36.0696471	10.160	10.160	0.000
BD139	122.1194585	36.0734536	10.111	10.119	-0.008
BD140	122.1181356	36.0764926	10.058	10.107	-0.049
BD145	122.1010084	36.0810972	10.077	10.048	0.029
BD146	122.0972162	36.0810055	10.362	10.037	0.018
RW147	122.0932425	36.0819022	10.004	10.024	-0.020
(臧各庄)	122.0789043	36.0825338	10.005	9.984	0.021
(周各庄)	122.0831622	36.0790683	9.975	10.003	-0.028
BD150	122.0863950	36.0837548	10.029	10.001	0.028
RW148	122.0922681	36.0836323	10.002	10.018	-0.016

利用原国家测绘局大地测量数据处理中心于2007年设计的山东省似大地水准面模型计算出的53点高程异常进行比较，原国家测绘局既有模型标称外符合精度为0.034m。由于53点分布范围大，较为均匀，基本能反映新建模型的精度。53个既有模型计算和新建模型计算高程异常列于表7-12，表中数据作了技术处理，不可直接引用。

多源重力信息似大地水准面结果外符合精度(模型比较)(单位:m)　　表7-12

点　名　称	经度 (°)	纬度 (°)	实测高程异常 (m)	内插高程异常 (m)	高程异常差 (m)
南岭	120.2601799	35.2098189	5.853	6.082	-0.229
毕家水库	120.3724026	35.2013618	6.258	6.531	-0.273
老鸭岭水	120.3181753	35.1507046	5.958	6.190	-0.232
刘河甲	120.0845846	35.8068961	5.469	5.549	-0.080
九里夼	120.0835343	36.0380891	4.951	5.070	-0.119
大跃	119.7088635	35.9167540	3.860	3.891	-0.031
KN1-1	118.3692243	36.5445832	-2.090	-2.047	-0.043
KN2-1	118.3536688	36.5187163	-2.171	-2.100	-0.071
KN3-1	118.3519211	36.4467853	-2.194	-2.108	-0.086
KN4-1	118.3196562	36.4358680	-2.333	-2.211	-0.122

续上表

点名称	经度 (°)	纬度 (°)	实测高程异常 (m)	内插高程异常 (m)	高程异常差 (m)
NX2	118.3012872	36.2824028	-2.197	-2.217	0.020
QN6-1	118.3029277	36.3430534	-2.285	-2.251	-0.034
NX3	118.2857065	36.2555762	-2.219	-2.241	0.022
NX4-1	118.2758951	36.2173636	-2.180	-2.231	0.051
QN1	118.0669360	36.3248051	-2.984	-2.926	-0.058
QN2-1	118.1193047	36.3357933	-2.846	-2.784	-0.062
QN4-1	118.2210938	36.3433335	-2.547	-2.503	-0.044
QN5	118.2524097	36.3445266	-2.456	-2.415	-0.041
QN6-1	118.3029276	36.3430535	-2.285	-2.271	-0.014
WZ5-1	119.0259183	35.4777223	1.893	1.921	-0.028
WZ7-1	119.0764985	35.4483403	2.083	2.102	-0.019
DWKZD	116.8896723	34.9703217	-6.035	-6.055	0.020
FD20-1	116.9077274	34.9658092	-5.941	-5.970	0.029
FD19	116.9266161	34.9842879	-5.887	-5.899	0.012
FD18-1	116.9451672	34.9821732	-5.763	-5.813	0.050
FD17-1	116.9690560	34.9802668	-5.686	-5.695	0.009
FD16	116.9882018	34.9964936	-5.561	-5.609	0.048
FD10-1	117.0517197	34.0959648	-5.296	-5.337	0.041
FD9-1	117.0866995	34.1078800	-5.125	-5.187	0.062
FD7	117.1157601	34.1379947	-5.022	-5.048	0.026
ZH2	116.8770158	35.4534130	-6.015	-6.064	0.049
ZH3-1	116.9196211	35.4340461	-5.768	-5.827	0.059
ZH5	116.9684620	35.4002982	-5.429	-5.575	0.146
HXZ5-1	117.0888458	35.3422667	-4.970	-5.126	0.156
ZH8-1	117.0649946	35.3297373	-5.076	-5.239	0.163
HXZ3-1	117.0497407	35.3003959	-5.175	-5.317	0.142
ZH10-1	117.0496296	35.3001180	-5.175	-5.317	0.142
YI1	118.4361521	34.8114060	0.248	0.213	0.035
YI2	118.4262526	34.8228879	0.231	0.188	0.043
YI6	118.3931165	34.8793796	0.060	0.084	-0.024
YI7	118.4139874	34.8953477	0.113	0.164	-0.051
YI8	118.4294483	34.9097408	0.201	0.234	-0.033
YI11-1	118.4323276	34.9663263	0.295	0.321	-0.026

续上表

点 名 称	经度(°)	纬度(°)	实测高程异常(m)	内插高程异常(m)	高程异常差(m)
YI10	118.4351645	34.9533137	0.242	0.318	-0.076
YI18-1	118.3017751	34.9348386	-0.207	-0.222	0.015
YI16	118.3450229	34.9158041	-0.085	-0.087	0.002
YI15	118.3709322	34.9122965	-0.010	-0.007	-0.003
YI24-1	118.1629139	35.0317304	-0.694	-0.732	0.038
YI26-1	118.1257678	35.0510592	-0.819	-0.865	0.046
YI29	118.0917674	35.1013070	-0.941	-0.963	0.022
YI30-1	118.0933350	35.1149428	-0.945	-0.950	0.005
YI32-1	118.1061294	35.1589135	-0.927	-0.857	-0.070
YI33	118.0719743	35.1736320	-1.060	-0.977	-0.083

收集到德州—商丘高速公路 GPS/水准点 22 点,点位较为集中,位于山东西北部平原,模型计算结果与实测结果符合较好。德州—商丘高速公路外符合精度检验点实测和利用似大地水准面模型计算正常高列于表 7-13,表中数据作了技术处理,不可直接引用。

多源重力信息似大地水准面结果外符合精度(德商高速)(单位:m) 表 7-13

点 名 称	经度(°)	纬度(°)	实测高程异常	内插高程异常	高程异常差
I024	115.89901217	36.87869916	-11.578	-11.568	-0.010
I025	115.89785621	36.87582295	-11.592	-11.570	-0.022
S010	115.90166763	36.85616029	-11.551	-11.550	-0.001
I031	115.89644943	36.84333984	-11.569	-11.557	-0.012
I032	115.89477844	36.83296859	-11.611	-11.557	-0.054
S012	115.89748562	36.82116268	-11.551	-11.540	-0.011
I027	115.89940601	36.86539621	-11.573	-11.563	-0.010
I026	115.89782834	36.86994410	-11.591	-11.570	-0.021
I022	115.90490140	36.88723167	-11.552	-11.556	0.004
S008	115.90498256	36.89037518	-11.578	-11.557	-0.021
I021	115.90743244	36.89498715	-11.533	-11.551	0.018
I020	115.90793725	36.90117040	-11.595	-11.552	-0.043
I017	115.90767495	36.91758869	-11.567	-11.569	0.002
I009	115.93358668	36.96225376	-11.481	-11.465	-0.016
I007	115.93227003	36.97120731	-11.471	-11.466	-0.005
I001	115.94331167	37.00672897	-11.402	-11.408	0.006

续上表

点名称	经度 (°)	纬度 (°)	实测高程异常	内插高程异常	高程异常差
I002	115.94347351	37.00351808	-11.354	-11.410	0.056
I003	115.94375247	36.99669185	-11.445	-11.413	-0.032
I005	115.93875792	36.98451729	-11.425	-11.436	0.011
S005	115.91697805	36.94313979	-11.535	-11.520	-0.015
I012	115.92008455	36.94638822	-11.519	-11.510	-0.009
I015	115.91122509	36.93069313	-11.501	-11.539	0.038

利用神经网络方法融合地面重力信息,卫星重力信息等多源区域重力信息,建立山东省外符合总体精度为0.0799m的区域似大地水准面模型,新建模型既优于仅利用地面重力信息建立的模型,也优于仅利用卫星重力信息建立的模型。表明利用神经网络方法进行多源区域重力信息融合是有效的。

7.5 结论

(1)针对似大地水准面格网插值方法及精度分析进行研究,利用EGM2008模型似大地水准面格网进行不同方法的插值计算,与EGM2008模型计算的检验点的高程异常进行对比,结果表明在似大地水准面插值中,移动曲面拟合插值法具有较强的适应性,系统偏差基本为零,最大、最小值的绝对值小于10mm,标准差也远小于反距离加权插值法。

(2)利用卫星重力信息和山东省区域GPS/水准点进行信息融合,得到最优内符合精度为0.0785m,外符合总度为0.0944m的区域似大地水准面模型,较仅利用GPS/水准点信息建立的区域似大地水准面模型精度有明显提高。说明融合卫星重力信息,可有效提高区域似大地水准面模型的精度和分辨率。

(3)利用神经网络方法融合重力似大地水准面,卫星重力信息等多源区域重力信息,建立山东省似大地水准面模型,得到最优内符合精度为0.0325m,外符合总体精度为0.0799m,新建模型既优于仅利用地面重力信息建立的模型,也优于仅利用卫星重力信息建立的模型。表明利用神经网络方法进行多源区域重力信息融合是有效的。

第8章　高精度GPS高程测量及交通工程应用

GPS测量具有点间不需通视、可获得三维坐标等诸多优点，但GPS测量获得的椭球高是一个不具有物理意义的纯几何量，不能直接应用于工程实际。将GPS测量的椭球高转换为工程应用中的正常高需要确定点位的高程异常。目前，高精度GPS高程转换方面的研究以拟合法居多，拟合法对GPS/水准点控制区域内的高程异常内插计算具有较好精度，但控制区域外高程异常的精度会随着距离增大急剧衰减。隧道贯通、海岛与陆地高程基准统一及桥梁等工程建设中均需要进行远距离的跨障碍高程传递，跨障碍高程传递需要以障碍物一侧的高程异常推估另一侧的高程异常。由于地球形状和密度分布的复杂性决定了似大地水准起伏的不规则性，当距离较远时，障碍物两侧的似大地水准起伏相关性较差，高程异常计算会产生较大的误差。在高大山区还应充分考虑地形起伏对高程异常的影响，以提高高程异常计算精度。

8.1　GPS高程传递控制网

EGM2008超高阶重力场模型中包含的似大地水准面起伏信息，EGM2008模型可用于辅助跨障碍GPS高程测量传递。为探索GPS高程传递控制网布设最优方案，通过不同GPS控制网布设与计算方案将高程所在的山北侧传递至南侧，并与水准实测高程进行比较。

8.1.1　GPS高程传递控制网布设与计算

假设在障碍物的一侧高程是已知的，另一侧高程未知，GPS高程传递控制网布设应在高程已知一侧选取高程控制点，在高程未知一侧布设高程传递点，所选点位符合GPS点选点的原则，并尽量保持净空开阔，为保证椭球高测量的相对精度，GPS高程传递控制网宜通过静态相对定位测量方式进行测量。

GPS高程传递控制网的计算首先进行无约束平差，获得GPS网点的大地经度、大地纬度和椭球高，GPS高程传递控制网可不联测高等级平面控制点，在不联测高等级平面控制点的情况下,大地坐标绝对精度稍低,但相对精度仍可以达到毫米级。

其次,利用 GPS 网点的大地坐标由 EGM2008 模型计算 GPS 高程传递控制网中所有点的高程异常 ζ,模型高程异常的计算公式同式(6-1),即:

$$\zeta_M = \frac{fM}{\rho \cdot \overline{\gamma}} \sum_{n=2}^{\infty} \sum_{k=0}^{n} \left(\frac{a}{\rho}\right)^n (\overline{C}_{nk}\cos k\lambda + \overline{S}_{nk}\sin k\lambda)\overline{P}_{nk}(\cos\theta)$$

式中,ρ 为地面点矢径;θ 为极距;λ 为地心经度;fM 为地球引力常数;$\overline{\gamma}$ 为正常重力均值;$\overline{P}_{nk}(\cos\theta)$ 为完全规格化的伴随勒让德多项式;$\overline{C}_{nk}$ 和 $\overline{S}_{nk}$ 为完全规格化的球谐系数。

由于高程控制点的正常高 h 是已知的,可以由式(5-40)计算高程控制点的椭球高 H,即:

$$H = h + \zeta$$

再利用高程控制点的椭球高对 GPS 控制网进行椭球高约束平差,得到约束后的 GPS 控制网点的二次计算椭球高 H。

GPS 高程传递点的计算正常高 h 可按式(5-40)的关系由 EGM2008 重力场模型计算的高程异常 ζ 和二次计算的椭球高 H 计算。这样就得到障碍物的另一端高程传递点的正常高高程(海拔高程)。

跨障碍 GPS 高程传递的精度取决于高程异常 ζ 计算的精度和二次平差计算的椭球高 H 的精度,高程异常 ζ 计算的精度由所用重力场的精度确定。EGM2008 是目前包含重力场信息最多,阶次也最高的超高阶重力场模型,实验选取 EGM2008 模型计算高程异常。在高程已知侧高程控制点约束个数是否对 GPS 高程传递点的正常高计算精度有影响,以及如何最佳布设高程控制点,这两个问题是本节讨论的重点。

8.1.2 试验及精度比较

试验地点选取在低丘山区,选取独立的一个山丘作为障碍物。山的北侧较为平坦,该侧 GPS3 点高程是已知的,在该侧另增设 3 个 GPS 高程控制点 GPS1、GPS2 和 GPS4,并用精密水准测量方法将高程从 GPS3 测量至其他三点,这样山的北侧就有 4 个高程已知点可以利用。GPS 高程传递控制网布设如图 8-1 所示。

GPS 高程传递采用 Trimble 5700 双频 GPS 接收机施测,卫星截止高度角为 10°,采样间隔为 15s,时段长度为 45min,基线处理和平差采用 TBC 软件进行计算。在 WGS-84 下无约束平差,点位中误差的数量级为毫米级。利用 GPS 网点的大地坐标由 EGM2008 模型计算高程异常,并计算高程控制点的椭球高 H。4 个高程已知点计算椭球高如表 8-1 所示。

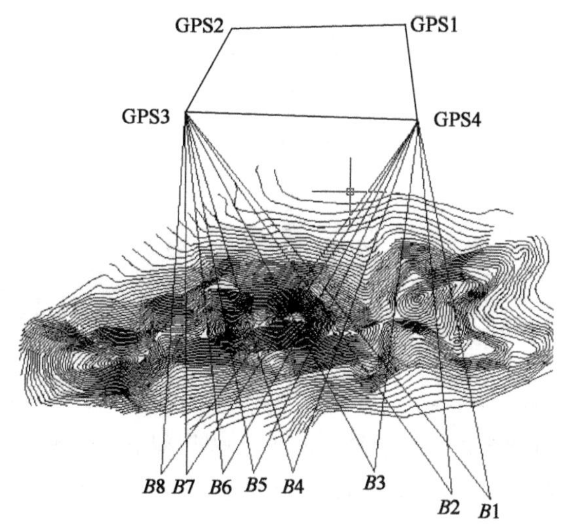

图 8-1　GPS 高程传递控制网

由 EGM2008 模型计算的 4 个高程已知点椭球高　　表 8-1

点　名　称	纬度 (°)	经度 (°)	模型高程异常 (m)	实测高程 (m)	计算椭球高 (m)
GPS1	36.539772	116.782509	-8.014	66.137	58.123
GPS2	36.540152	116.793957	-7.962	58.104	50.142
GPS3	36.534562	116.794869	-7.949	59.561	51.612
GPS4	36.534938	116.779466	-8.020	59.679	51.659

为验证远距离 GPS 高程传递的精度，在高程未知一侧设置了 8 个高程传递点 *B*1 ~ *B*8，这 8 个点也以四等精度进行水准往返观测，往返闭合差为 0.021m，平差后最大高程中误差为 ±0.006m。经过严密平差获得 8 个高程待定点的正常高，作为高程传递计算的对比值，进行 GPS 跨障碍高程传递的精度估计。

以 EGM2008 模型辅助 GPS 静态网将高程从山的北侧传递到南侧，通过四个计算方案得到 8 个高程传递点的高程，与水准高程进行比较。8 个高程传递点均以独立基线与山北侧的高程控制点进行联测，8 个高程传递点之间没有基线相连，相当于单独的将高程传递 8 次。

1）约束一点高程进行 GPS 高程传递

对 GPS 高程传递控制网约束一点，计算方案有两个，即分别约束 GPS3 和 GPS4 点进行三维约束。对 GPS 高程传递控制网仅约束一点 GPS3，对控制网进行三维约束。计算高程与实测高程差值的统计结果如表 8-2 所示。

约束 GPS3 点计算高程与实测高程差值的统计结果(单位:m) 表 8-2

点名称	椭球高	模型高程异常	计算高程	实测高程	高程差
GBM1	57.893	-7.888	65.781	65.799	-0.018
GBM2	60.075	-7.901	67.976	68.216	-0.020
GBM3	56.861	-7.928	64.789	64.812	-0.023
GBM4	59.306	-7.953	67.259	67.273	-0.014
GBM5	62.916	-7.966	70.882	70.899	-0.017
GBM6	66.532	-7.975	74.507	74.528	-0.021
GBM7	70.673	-7.987	78.66	78.667	-0.007
GBM8	74.844	-7.994	82.838	82.837	0.001

对 GPS 高程传递控制网在高程已知侧进行一点约束,在跨越 2 ~ 3km 距离的 8 个高程传递点的计算高程与实测高程之差绝对值最大为 0.023m,最小为 0.001m,计算高程与水准高程实测高程差的平均值为 -0.015m,中误差为 ±0.008m。

对 GPS 高程传递控制网仅约束一点 GPS4,对控制网进行三维约束。计算高程与实测高程差值的统计结果如表 8-3 所示。

约束 GPS4 点计算高程与实测高程差值的统计结果(单位:m) 表 8-3

点名称	椭球高	模型高程异常	计算高程	实测高程	高程差
GBM1	57.865	-7.888	65.753	65.799	-0.046
GBM2	60.047	-7.901	67.948	68.216	-0.048
GBM3	56.833	-7.928	64.761	64.812	-0.051
GBM4	59.278	-7.953	67.231	67.273	-0.042
GBM5	62.888	-7.966	70.854	70.899	-0.045
GBM6	66.504	-7.975	74.479	74.528	-0.049
GBM7	70.645	-7.987	78.632	78.667	-0.035
GBM8	74.816	-7.994	82.81	82.837	-0.027

对 GPS 高程传递控制网在高程已知侧进行一点约束,在跨越 2 ~ 3km 距离的 8 个高程传递点的计算高程与实测高程之差绝对值最大为 0.051m,最小为 0.027m,计算高程与水准高程实测高程差的平均值为 -0.043m,中误差为 ±0.008m。

从表中比较统计数据可以看出,*B*1 ~ *B*8 点计算高程与实测高程大部分差值为负值,存在明显的系统差倾向,尤其在约束 GPS4 进行高程传递,计算高程与水准高程实测高程差的平均值为 -0.043m,存在的系统差更为明显,系统差主要来自水准测量误差,也部分来自 GPS 椭球高测量误差。

2)约束两点高程进行 GPS 高程传递

对 GPS 高程传递控制网两点约束,计算方案有三个,一是约束 GPS3 和 GPS1 点,二是约束 GPS3 和 GPS2 点，三是约束 GPS1 和 GPS4 点。对 GPS 高程传递控制网约束 GPS3 和 GPS1 点，对控制网进行三维约束。计算高程与实测高程差值的统计结果如表 8-4 所示。

约束 GPS3 和 GPS1 点计算高程与实测高程差值的统计结果(单位:m) 表 8-4

点名称	椭球高	模型高程异常	计算高程	实测高程	高程差
GBM1	57.893	-7.888	65.781	65.799	-0.018
GBM2	60.075	-7.901	67.976	68.216	-0.020
GBM3	56.861	-7.928	64.789	64.812	-0.023
GBM4	59.306	-7.953	67.259	67.273	-0.014
GBM5	62.916	-7.966	70.882	70.899	-0.017
GBM6	66.532	-7.975	74.507	74.528	-0.021
GBM7	70.673	-7.987	78.66	78.667	-0.007
GBM8	74.844	-7.994	82.838	82.837	0.001

对 GPS 高程传递控制网约束 GPS3 和 GPS2 点，对控制网进行三维约束。计算高程与实测高程差值的统计结果如表 8-5 所示。

约束 GPS3 和 GPS2 点计算高程与实测高程差值的统计结果(单位:m) 表 8-5

点名称	椭球高	模型高程异常	计算高程	实测高程	高程差
GBM1	57.892	-7.888	65.78	65.799	-0.019
GBM2	60.074	-7.901	67.975	68.216	-0.021
GBM3	56.860	-7.928	64.788	64.812	-0.024
GBM4	59.305	-7.953	67.258	67.273	-0.015
GBM5	62.915	-7.966	70.881	70.899	-0.018
GBM6	66.529	-7.975	74.504	74.528	-0.024
GBM7	70.671	-7.987	78.658	78.667	-0.009
GBM8	74.843	-7.994	82.837	82.837	0.000

对 GPS 高程传递控制网约束 GPS1 和 GPS4 点，对控制网进行三维约束。计算高程与实测高程差值的统计结果如表 8-6 所示。

约束 GPS3 和 GPS4 点计算高程与实测高程差值的统计结果(单位:m) 表 8-6

点名称	椭球高	模型高程异常	计算高程	实测高程	高程差
GBM1	57.879	-7.888	65.767	65.799	-0.032
GBM2	60.061	-7.901	67.962	68.216	-0.034
GBM3	56.847	-7.928	64.775	64.812	-0.037
GBM4	59.292	-7.953	67.245	67.273	-0.028
GBM5	62.902	-7.966	70.868	70.899	-0.031
GBM6	66.504	-7.975	74.479	74.528	-0.049
GBM7	70.659	-7.987	78.646	78.667	-0.021
GBM8	74.830	-7.994	82.824	82.837	-0.013

从表 8-4、表 8-5 和表 8-6 计算高程与实测高程差值的统计结果来看，增加一个约束点，并没有提高 GPS 高程传递的精度。在约束 GPS1 和 GPS4 点两点获得的结果还有明显的系统差。

3)约束三点高程进行 GPS 高程传递

对 GPS 高程传递控制网三点约束，计算方案有两个：一是约束 GPS3、GPS4 和 GPS1 三点，二是约束 GPS3、GPS4 和 GPS2 三点。对 GPS 高程传递控制网约束 GPS3、GPS4 和 GPS1 三点，对控制网进行三维约束。计算高程与实测高程差值的统计结果如表 8-7 所示。

约束 GPS3、GPS4 和 GPS1 三点计算高程与实测高程差值的统计结果(单位：m) 表 8-7

点 名 称	椭 球 高	模型高程异常	计算高程	实测高程	高 程 差
GBM1	57.879	-7.888	65.767	65.799	-0.032
GBM2	60.061	-7.901	67.962	68.216	-0.034
GBM3	56.847	-7.928	64.775	64.812	-0.037
GBM4	59.292	-7.953	67.245	67.273	-0.028
GBM5	62.902	-7.966	70.868	70.899	-0.031
GBM6	66.504	-7.975	74.479	74.528	-0.049
GBM7	70.659	-7.987	78.646	78.667	-0.021
GBM8	74.830	-7.994	82.824	82.837	-0.013

对 GPS 高程传递控制网约束 GPS3、GPS4 和 GPS2 三点，对控制网进行三维约束。计算高程与实测高程差值的统计结果如表 8-8 所示。

约束 GPS3、GPS4 和 GPS2 三点计算高程与实测高程差值的统计结果(单位：m) 表 8-8

点 名 称	椭 球 高	模型高程异常	计算高程	实测高程	高 程 差
GBM1	57.879	-7.888	65.767	65.799	-0.032
GBM2	60.061	-7.901	67.962	68.216	-0.034
GBM3	56.847	-7.928	64.775	64.812	-0.037
GBM4	59.292	-7.953	67.245	67.273	-0.028
GBM5	62.902	-7.966	70.868	70.899	-0.031
GBM6	66.504	-7.975	74.479	74.528	-0.049
GBM7	70.659	-7.987	78.646	78.667	-0.021
GBM8	74.830	-7.994	82.824	82.837	-0.013

从表 8-7 和表 8-8 计算高程与实测高程差值的统计结果来看，在跨障碍 GPS 高程传递控制网中约束三个点，也存在明显的系统误差，与一点约束相比，没有提高 GPS 高程传递的精度。

4)约束四点高程进行 GPS 高程传递

对 GPS 高程传递控制网四点约束，即对 GPS 高程传递控制网约束 GPS1、GPS2、GPS3 和

GPS4 三点,对控制网进行三维约束。计算高程与实测高程差值的统计结果如表 8-9 所示。

约束四点计算高程与实测高程差值的统计结果(单位:m) 表 8-9

点名称	椭球高	模型高程异常	计算高程	实测高程	高程差
GBM1	57.879	-7.888	65.767	65.799	-0.032
GBM2	60.061	-7.901	67.962	68.216	-0.034
GBM3	56.847	-7.928	64.775	64.812	-0.037
GBM4	59.292	-7.953	67.245	67.273	-0.028
GBM5	62.902	-7.966	70.868	70.899	-0.031
GBM6	66.504	-7.975	74.479	74.528	-0.049
GBM7	70.659	-7.987	78.646	78.667	-0.021
GBM8	74.830	-7.994	82.824	82.837	-0.013

从表 8-9 计算高程与实测高程差值的统计结果来看,在跨障碍 GPS 高程传递控制网中约束四个点,结果也存在系统误差。

由表 8-10 对 GPS 高程控制网的不同布设方案的高程传递精度进行统计,由于 GPS 测量固有的高精度和 EGM2008 模型高程异常较高的相对精度,如果顾及水准测量误差的影响,以 EGM2008 模型辅助跨越 2~3km 的障碍 GPS 高程传递精度应该优于 ±0.010m。

不同的椭球高约束计算高程与实测高程差值的统计结果(单位:m) 表 8-10

计算方案	最大值	最小值	平均值	中误差
约束 GPS3	0.001	-0.023	-0.0148	0.0081
约束 GPS1、GPS3	0.001	-0.023	-0.0149	0.0081
约束 GPS2、GPS3	-0.009	-0.024	-0.016	0.0081
约束 GPS3、GPS4	-0.013	-0.037	-0.0306	0.0107
约束 GPS1、GPS3、GPS4	-0.013	-0.034	-0.0306	0.0107
约束 GPS2、GPS3、GPS4	-0.013	-0.034	-0.0306	0.0107
约束 GPS1、GPS2、GPS3、GPS4	-0.013	-0.037	-0.0306	0.0107

对几种方案的结果进行比较,GPS 高程传递控制网一点约束高程传递的精度和两点约束精度基本相当,精度略高于三点约束和四点约束。原因在于 GPS 静态测量本身具有高精度,参与约束控制点多,容易将外界测量误差带入 GPS 静态测量结果,导致 GPS 静态测量椭球高精度降低,更多的高程传递控制点参与约束并不能提高 GPS 高程传递的精度。但笔者认为,在 GPS 高程传递控制网布设过程中选择一点约束,在高程已知的一侧布设一条基线边,使 GPS 控制网形成稳固的几何图形,对提高椭球高测量的精度应该是有益的。

8.2 GPS高程传递在隧道工程中的应用

目前为止,山区高速公路、铁路等线路工程隧道施工中,高程贯通测量的主要方式仍然是水准测量,由于山区交通不便、地形复杂,水准测量施测困难。在建立跨越山岭隧道的高程贯通控制网时,水准路线有时需要绕行数十千米,导致水准线路较长,降低跨越山岭的隧道两端洞口的高程精度;有时不得不以提高水准测量等级为代价,来保证两洞口间高差满足高程贯通要求,致使野外工作量加大,测量周期增长。高精度GPS测量在工程中具有广泛应用,且具有点间不需通视和误差不累积等诸多优点,但GPS观测获得的高程信息是相对于WGS-84椭球面的大地高,而我国的法定高程系统是以似大地水准面为基准的正常高系统,GPS高程测量不能直接测定点的正常高,难以直接应用于工程施工。

在GPS高程传递控制网布设方案研究的基础上,主要利用EGM2008超高阶重力场模型作为辅助,通过合理布设GPS控制网,针对GPS控制网进行跨岭隧道两端洞口间的高程传递进行研究,为高速公路、铁路等线路工程中隧道高程贯通测量提供新的思路。

8.2.1 EGM2008超高阶重力场模型

EGM2008重力场模型由美国国家地理空间情报局研制,模型阶次分别为2190、2159。模型构建数据主要为地面重力、卫星测高、卫星重力等,地面数据覆盖率达83.8%,部分重力数据空白区主要集中在南极,用卫星重力数据补充。

利用不同时期全国分布的GPS水准数据对EGM2008重力场模型高程异常进行外部测试,结果表明EGM2008重力场模型高程异常在我国大陆的总体精度较EGM96模型和利用GRACE卫星数据计算的EIGEN等系列模型精度均有明显提高。

8.2.2 GPS高程传递控制网布设

GPS高程传递控制网布设要求在隧道一端选择几个高程控制点进行联测,在隧道的另一端布设高程传递点,点的位置和控制网图可依据现场地形条件灵活确定,为保证高程传递过程中大地高测量的精度,GPS高程传递控制网通过经典静态相对定位测量方式实测。

8.2.3 基本原理与方法

GPS外业观测结束后,首先进行无约束平差,获得所有GPS网点的大地坐标(大地经度和大地纬度),由于没有联测高等级平面控制点,大地坐标的精度为米级,但相对精度可以达到毫米级。

其次利用GPS网点的大地坐标由EGM2008模型利用式(6-1)计算GPS控制网点的高程异常ζ,由于各高程控制点的正常高h是已知的,可以计算几个高程控制点的大地高H,计算公式为:

$$H_i = h_i + \zeta_i \quad (i = 1,2,\cdots,n) \tag{8-1}$$

式中,n为联测水准点的总数。

再利用计算得到的水准点的椭球高对GPS控制网进行大地高约束,进行约束平差计算,得到GPS控制网点的三维大地坐标(大地经度、大地纬度和大地高H)。所有GPS控制网点正常高h可按式(5-40)的关系由ζ和H计算。这样就得到隧道的另一端高程传递点的正常高高程(海拔高程)。

8.2.4 试验与数据处理

试验地点选取在山西阳泉—左权高速公路凤居隧道。凤居隧道全长2120m,阳泉端洞口底板设计高程约为966.000m,左权端洞口底板设计高程为946.500m,洞体最大埋深238.47m,隧道总体走向为118°。测量试验时隧道已经贯通但没有通车,有利于进行水准测量以进行精度对比。试验现场凤居隧道阳泉端洞口如图8-2所示。

图8-2 凤居隧道阳泉端洞口

GPS点位选取在洞口附近视野开阔、便于安置仪器设备的地方;附近没有线电发射源且远离高压输电线等强信号源;所选测站附近的局部环境(地形、地貌、植被等)与周围的大环境基本保持一致。

GPS高程传递控制网利用经典静态测量方式进行测量,该网采用Trimble 5700双频GPS接收机施测,卫星截止高度角为10°,采样间隔为15s,时段长度为45min,基线处理和平差采用TBC软件进行计算,在WGS-84下无约束平差,点位中误差的数量级为毫米级。网中点以四等精度进行水准联测,采用独立高程系统,使用索佳C32Ⅱ水准仪,平差后最大高程中误差为±0.026m。试验 GPS 高程传递控制网如图 8-3所示。

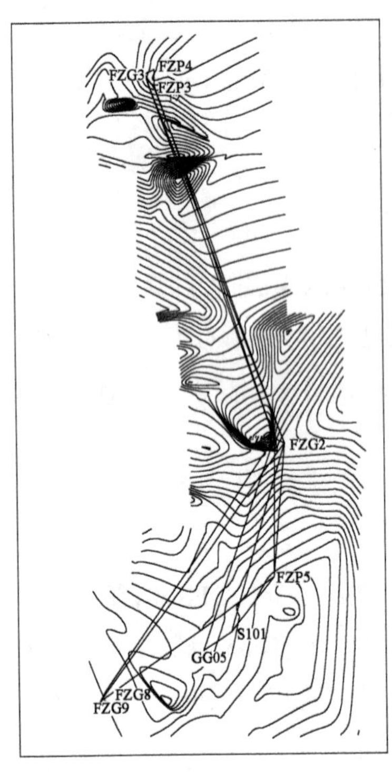

图 8-3　GPS 高程传递控制网

首先假设隧道阳泉端洞口 FZP3 的高程为已知，在阳泉端洞口另外布设两个点 FZG3、FZP4，因为三个点都在隧道洞口同一端，FZG3、FZP4D 的高程可以通过精密水准测量获得。这样在隧道的一端就有三个高程已知点。在隧道另一端分别布设 FZG1、FZG2、FZP5、ST01、G695、FZG8 和 FZG9 共 7 个高程传递点，相当于通过 GPS 静态测量将高程传递了 7 次，其中 FZG1 和 FZG2 位于隧道左权端洞口附近，另两对高程点距离左权端洞口分别约为 1km 和 2.1km 处。

8.2.5　数据处理与分析

GPS 外业观测结束后，首先进行 GPS 控制网的首次平差，获得 GPS 控制点的大地坐标(B,L)，利用点的大地坐标(B,L)由 EGM2008 重力场模型计算所有点位的高程异常 ζ，隧道阳泉端端洞口的 FZP3、FZG3 和 FZP4 三点的大地高 H 可由高程异常 ζ 和正常高 h 之和计算得到。高程控制点的大地高列于表 8-11。

高程控制点大地高(单位:m)　　表 8-11

点名称	EGM2008 模型高程异常	正常高	大地高
FZP3	-14.471	967.148	952.677
FZG3	-14.474	968.483	954.009
FZP4	-14.473	967.895	953.422

利用 3 个点的大地高对 GPS 控制网进行高程约束，进行二次平差计算，得到所有 GPS 控制网点的大地坐标(B,L)和大地高 H，平差计算结果列于表 8-12。

大地高程约束平差结果　　表 8-12

点名称	大地纬度(°　′　″)	大地经度(°　′　″)	大地高(m)
FZP3	37　33　17.44166	113　46　16.15871	952.677
FZG3	37　33　23.24997	113　46　14.74229	954.009
FZP4	37　33　21.23655	113　46　16.43955	953.422
FZG1	37　32　01.89907	113　46　41.59409	928.004
FZG2	37　32　00.64561	113　46　43.05114	925.826

续上表

点 名 称	大地纬度 (° ′ ″)	大地经度 (° ′ ″)	大地高 (m)
FZP5	37 31 31.55695	113 46 41.30001	904.574
ST01	37 31 19.11919	113 46 31.97212	897.652
G695	37 31 15.01219	113 46 26.89326	897.961
YZG8	37 31 06.37487	113 46 06.20856	905.537
YZG9	37 31 04.86741	113 46 05.26341	905.835

大地高程约束平差计算得到的隧道另一端洞口 GPS 高程传递点的大地高与 EGM2008 重力场模型计算的相应点的高程异常之差为正常高：

$$h_i = H_i - \zeta_i \quad (i = 1,2,\cdots,n)$$

式中，h_i 为正常高；H_i 为大地高；ζ_i 为高程异常。

计算数据如表 8-13 所示。

GPS 高程传递点正常高计算结果(单位：m)　　表 8-13

点 名 称	EGM2008 模型高程异常	大 地 高	正 常 高
YZG1	-14.412	928.004	942.416
YZG2	-14.411	925.826	940.237
FZP5	-14.394	904.574	918.968
ST01	-14.391	897.652	912.043
G695	-14.391	897.961	912.352
YZG8	-14.394	905.537	919.931
YZG9	-14.393	905.835	920.228

这样，就将隧道阳泉端的高程传递到隧道的另一端。为验证高程传递的精度，对所有的 GPS 网点横穿隧道以四等精度进行水准联测。7 个高程传递点计算正常高与水准测量结果比较结果列于表 8-14。

GPS 传递正常高与水准测量结果比较(单位：m)　　表 8-14

点 名 称	水准测量的正常高	计算正常高	水准高程与计算高程差
YZG1	942.420	942.416	0.004
YZG2	940.240	940.237	0.003
FZP5	918.989	918.968	0.021
ST01	912.039	912.043	-0.004
G695	912.365	912.352	0.013
YZG8	919.955	919.931	0.024
YZG9	920.257	920.228	0.029

根据基于EGM2008重力场模型的GPS高程传递结果与水准测量结果比较,高程差别在-0.004m与0.029m之间,标准差为0.0123m,平均值为0.0128m。高程差的平均值不为零,说明水准高程与GPS传递计算高程之间有系统差,且跨越距离最远点的高程传递误差较大,误差应该部分由水准测量误差引起,也包含部分大地高测量误差和高程异常计算误差的影响。《公路隧道施工技术细则》(JTG/T F60—2009)要求,隧道施工贯通面的高程贯通中误差洞外小于0.025m,洞内小于0.025m,从而使整个贯通区间高程贯通中误差小于0.035m。从本节的研究结果来看,基于EGM2008重力场模型的GPS跨山岭高程传递标准差为0.0123m,可以满足隧道施工高程贯通的要求。

8.3 高速公路线路似大地水准面精化及应用

高等级公路设计与施工过程中,传统的高程控制测量方法是几何水准测量和光电测距三角高程测量。在山岭重丘区,由于地形起伏大,交通不便,水准测量施测困难。光电测距三角高程测量由于受地球曲率和大地折光差的影响,一直难以达到较高精度。

本节提出基于网络RTK点位高程测量方法,以EGM2008超高阶重力场模型为辅助,利用神经网络方法建立某高速公路线路似大地水准面数值模型,网络RTK技术实时获得所测点位的平面坐标和大地高,再利用线路似大地水准面数值模型将大地高转换为正常高,获得与1985国家高程基准统一的高程,为高速公路、铁路等线路工程高程测量提供新的思路。

8.3.1 线路似大地水准面精化方法

由于地球质量和密度分布不均匀,似大地水准面是不规则曲面,其特点是长波占优,中、短波相对偏小。线路似大地水准面精化目的就是确定线路工程沿线似大地水准面相对于椭球面的起伏,本项目研究利用EGM2008超高阶重力场模型计算的高程异常为辅助,以线路GPS/水准点高程异常为控制,利用神经网络方法进行拟合。

常用的BP神经网络包括三层结构,分别为输入层、隐含层和输出层。本节研究中,隐含层中使用sigmoid函数,输出层中使用pureline函数,因为sigmoid函数标准输入、输出限定为[0,1],所以在网络中增加了输入(出)转换层,很多文献中针对5层BP神经网络的结构与性能指数已有详细阐述,在此不再赘述。

EGM2008超高阶重力场模型计算的高程异常形成线路区域模型似大地水准面,主要确定线路区域似大地水准面的相对起伏,由于确定1985国家高程基准的验潮站海域海面地形等影响,我国高程基准面和EGM2008确定的全球似大地水准面是有差异的。利用线路GPS/水准点为控制,利用神经网络方法将EGM2008模型似大地水准面与GPS/水准点进行拟合,形成与我国高程基准统一的线路似大地水准面格网数值模型。

首先计算高程已知点实测高程异常与 EGM2008 重力场模型高程异常差 $\Delta\xi$,计算公式为:

$$\Delta\xi = (H - h) - \zeta_M \tag{8-2}$$

式中,H 为大地高;h 为正常高;ζ_M 为模型高程异常。

其次,构造神经网络模型,将输入层元素取为点位的大地坐标(B,L),输出层元素取为高程异常差 $\Delta\xi$,将所有控制点的信息构成学习集样本:$(B_i, L_i; \zeta_{M1}, \zeta_{M2}, \cdots, \xi_i)$,其中,$i = 1, 2, \cdots, n$。

利用给定学习集样本对网络进行训练,在网络输出最接近实测的高程异常的状态下获得网络最佳权值。

最后,用训练好的神经网络,通过输入区域内规则格网的大地坐标和不同时间段卫星重力场模型高程异常,计算区域内规则格网格网结点高程异常的最优估值。

8.3.2 实例计算

应用荣成—文登高速公路施工控制网进行研究,荣成—文登高速公路是国家高速公路规划网荣成—乌海高速公路的起始段,线路全长 57.8km,路基宽 26m。研究区域为经度 121.90°~122.38°;纬度:37.04°~37.09°,位于胶东半岛东端沿海,地形以低缓丘陵为主,在该线路区域,地形起伏引起的似大地水准面的短波分量相对较小。

施工前利用 SDCORS 系统的网络 RTK 抽取控制网中 97 点进建立检测,平滑 5 次取平均值为最后结果,平面测量的总体精度优于 0.015m,高程测量的精度优于 0.022m。控制点分布如图 8-4 所示。

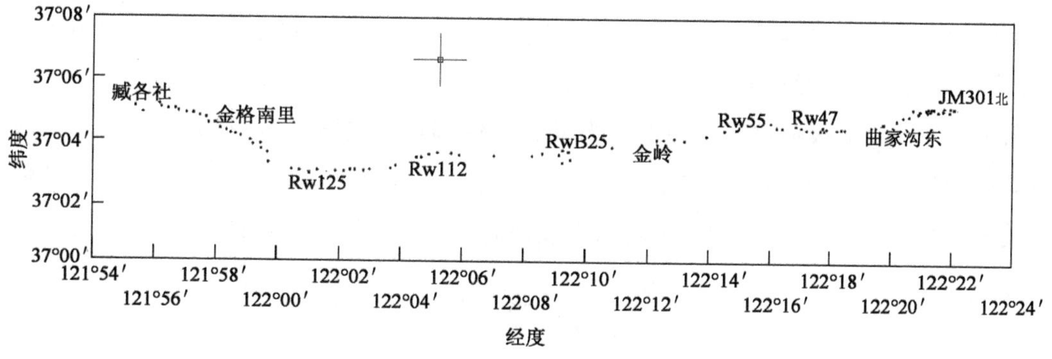

图 8-4 控制点分布图

EGM2008 重力场模型由美国国家地理空间情报局研制,模型阶次分别为 2190、2159。模型构建数据来源主要为地面重力、卫星测高、卫星重力等,地面数据覆盖率达 83.8%,部分重力数据空白区主要集中在南极,用卫星重力数据补充。模型高程异常的按式(6-1)计算至EGM2008模型的最大阶次。

沿施工线路分别均匀选取10点作为高程已知点,剩余点均作为高程检测点,建立线路似大地水准面模型。10点高程已知点点位选取如图8-4所示。

首先按式(5-40)计算高程已知点实测高程异常与EGM2008重力场模型高程异常差$\Delta\xi$,10个高程已知点的高程异常差列于表8-15中。

已知点实测高程异常与模型高程异常 表8-15

点名称	纬度(°)	经度(°)	大地高(m)	水准实测正常高(m)	EGM2008模型高程异常(m)	高程异常残差(m)
臧各庄	37.084029797	121.922456778	21.683	11.702	9.758	0.223
金格南里	37.075191958	121.965604317	46.638	36.499	9.894	0.245
Rw125	37.047961939	122.016392906	16.751	6.424	10.082	0.245
Rw112	37.054670475	122.071805056	30.758	20.191	10.252	0.315
RwB25	37.060089367	122.157080392	14.794	3.975	10.532	0.287
金岭	37.063921556	122.197870392	43.453	32.488	10.668	0.297
Rw55	37.072577206	122.247743161	29.896	18.778	10.833	0.285
Rw47	37.074923161	122.280135186	42.116	30.862	10.945	0.309
曲家沟东	37.076132578	122.328393700	45.975	34.617	11.116	0.242
JM301北	37.085071631	122.366832908	75.563	64.035	11.242	0.286

其次,构造神经网络模型,将输入层元素取为点位的大地坐标(B,L),输出层元素取为高程异常差$\Delta\xi$,沿施工线路分别均匀选取10点、20点和30点作为高程已知点,剩余点均作为高程检测点,建立线路似大地水准面模型。

针对荣—文高速公路线路似大地水准面模型的精度分别进行内、外符合精度的检验,参与模型构建的GPS/水准点作为内符合精度检验点,其余GPS/水准点作为外符合精度检验点,在线路似大地水准面模型中内插检验点的高程异常。

由于构建线路似大地水准面模型的高程异常控制点沿线路分布,距离道路中心线较远的各网点的高程异常精度较低,在模型计算中,仅使用距离检验点最近的四个角点,按照距离倒数定权的方法,使用局部加权平均法内插检验点的高程异常。其具体表达式为:

$$\Delta\zeta = \frac{\sum_{i=1}^{n}\Delta\zeta_i \cdot p_i}{\sum_{i=1}^{n}p_i}$$

其中权p取为拟合点至GPS/水准点的距离d的倒数,即:

$$p_i = \frac{1}{d_i + 0.002} \quad (d_i < R_0)$$

式中的分母内引入因子0.002是为了避免当d很小时权接近无穷大。R_0为选定的区域半径，称为搜索半径，搜索半径以模型格网间距确定。研究中，R_0为0.05km。

利用检验点的大地坐标在线路似大地水准面模型中内插高程异常，插值计算的结果与GPS/水准实测高程异常进行比较，对两者的差值进行统计，精度评定的表达式为：

$$m = \pm \sqrt{\frac{[\Delta\Delta]}{n}}$$

式中，Δ为由似大地水准面模型计算的高程异常和GPS/水准点实测高程异常之差；n为用于检核GPS/水准点的个数。

模型的内、外符合精度的统计结果列于表8-16中。

曲面拟合结果的精度统计与比较(单位：m)　　表8-16

拟合方法	比较项目	检核点个数	最大值	最小值	平均值	标准差
10点	内符合精度	10	0.015	-0.014	0.001	0.012
	外符合精度	87	0.084	-0.090	-0.002	0.034
20点	内符合精度	20	0.027	-0.016	0.003	0.013
	外符合精度	77	0.079	-0.087	0.007	0.033
30点	内符合精度	30	0.043	-0.003	0.006	0.020
	外符合精度	67	0.071	-0.070	0.009	0.031

表8-16中结果的内外符合精度是假定四等水准测量的结果为真值进行统计的，若考虑四等水准测量存在0.020m的误差，线路似大地水准面的精度应该优于0.028m。从三次计算的结果比较来看，随着建立线路似大地水准面使用的GPS/水准点个数的增加，模型的内符合精度略降低的同时，外符合精度稍有提高，说明增加GPS/水准点个数可使线路似大地水准面模型具有更强的推广性，单纯依靠增加GPS/水准点个数并不能大幅度地提高线路似大地水准面模型的精度。本节研究中，建立线路似大地水准面模型的高程异常控制点的测定精度稍低，建议在具体工程应用中以经典静态方式测定控制点的大地高，以三等或更高等级测定高程，提高GPS/水准点高程异常计算的精度，这是进一步提高线路似大地水准面模型精度的关键。

由此得出结论，利用施工线路中部分GPS/水准点为控制点，以EGM2008超高阶重力场模型为辅助，可以建立某高速公路线路似大地水准面数值模型，实现网络RTK实时点位高程测量，可以代替四等水准测量获得与1985国家高程基准统一的高程。

8.4　基于卫星重力信息的高海拔地区GPS高程测量

我国中西部地球重力场短波成分复杂，作为高程基准面的似大地水准面具有强不规则性，地面重力数据分辨率低，包含局部重力场信息可应用数据获取困难，与我国东部相比，GPS 高程测量难以达到较高精度。在本研究中特别选取我国西部高原区域某线路工程项目数据，验证利用神经网络方法融合卫星重力信息的高精度 GPS 高程测量在高海拔区域可以达到的精度。

8.4.1 GPS/水准点原始观测数据

某线路工程位于西藏高原区域，概略位置为北纬 28°54′至 29°20′之间、东经 88°53′至 89°37′之间，线路高程在 3800～4030m 之间，该线路工程共设置控制点 154 座，所有控制点均利用 Trimble 4600Ls 型 GPS 接收机按经典静态方式进行测量，在 WGS-84 下进行无约束平差，其最弱点点位中误差为毫米级。线路控制点分布如图 8-5 所示。

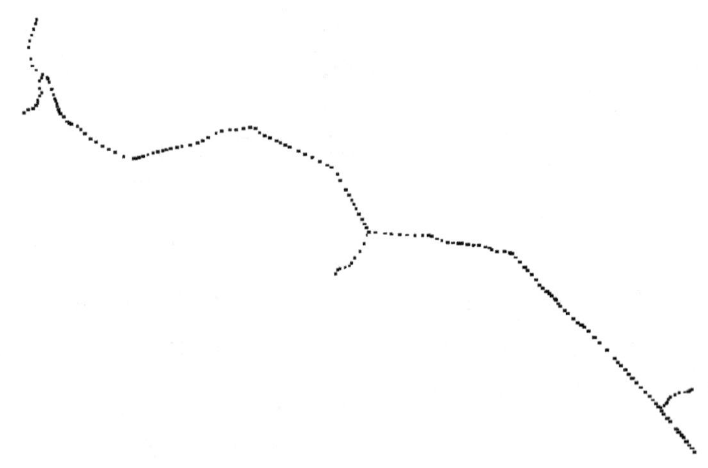

图 8-5 线路 GPS 控制点分布图

高程系统采用 1985 年国家高程基准，所有控制点均以四等水准网联测，高程控制测量采用 WILD NA2 自动安平水准仪和双面区格式木质尺进行，平差模式为间接平差。平差后最大点位高程误差为 ±0.0175m。项目研究中，融合卫星重力信息进行 GPS 高程计算，计算高程与水准实际测量的高程相比较，对高海拔地区线路 GPS 高程测量的精度进行统计。

8.4.2 高阶重力场模型和卫星重力信息

高阶重力场模型使用 EGM2008 地球重力场模型（阶次分别为 2190，2159），模型的空间分辨率约为 9km。卫星重力信息选取四个完全由重力卫星数据计算的重力场模型 EIGEN-CHAMP05S、ITG-Grace2010S、EGM_TIM_R2 和 EGM_SPW_R2，其中 EIGEN-CHAMP05S 模型使用 2002 年 10 月至 2008 年 9 月共 6 年的数据计算而成，完全到 150 阶次；ITG-Grace2010S 由 2002 年 8 月至 2009 年 8 月的 GRACE 卫星数据计算，完全到 180 阶次；EGM_TIM_R2 和

EGM_SPW_R2 模型使用 GOCE 卫星重力数据计算，前者完全到 250 阶次，后者完全到 240 阶次。计算高程异常的过程中，均使用到模型的最高阶次，四个模型几乎包括了现在能使用的所有的卫星重力信息。

8.4.3 计算方案

利用 EGM2008 地球重力场模型的 360 ~ 2190 阶计算所有控制点位的高程异常起伏的中短波信息 ζ_M；选取线路上均匀分布的 13 点作为高程异常控制点，由于高原区域重力场短波成分复杂，短波的起伏相关性较小，为提高 GPS 高程计算精度，特采用如下计算方案：

(1)在 13 个高程异常控制点的实测高程异常 ζ_S 减去由 EGM2008 模型的 360 ~ 2190 阶计算的点位高程异常的中短波信息 ζ_M，得到高程异常的中长波 ζ_L。13 个高程异常控制点高程异常信息列于表 8-17。

控制点高程异常信息(单位:m) 表 8-17

点 名 称	大 地 高	水 准 高 程	实测高程异常	EGM2008 模型中短波信息 ζ_M	高程异常的中长波 ζ_L
N0	3800.92947	3826.570	-25.641	-2.874	-22.767
N6	3807.08699	3832.722	-25.635	-2.945	-22.69
N11	3809.51148	3835.133	-25.622	-2.966	-22.656
N23	3814.29402	3839.913	-25.619	-2.936	-22.683
N35	3825.39794	3850.937	-25.539	-2.761	-22.778
N57	3845.0064	3870.659	-25.653	-2.594	-23.059
N70	3860.37173	3885.739	-25.367	-2.542	-22.825
N82	3875.80235	3901.074	-25.272	-2.434	-22.838
N91	3888.63296	3913.871	-25.238	-2.379	-22.859
N106	3911.19847	3936.412	-25.214	-2.281	-22.933
N126	3948.00553	3972.960	-24.954	-2.448	-22.506
N144	3998.25364	4022.958	-24.704	-2.635	-22.069
N154	4021.79925	4046.228	-24.429	-2.795	-21.634

(2)由三个重力场模型 EIGEN - CHAMP05S、ITG - Grace2010S 和 EGM_TIM_R2 计算所有点位的高程异常，由于卫星重力场模型阶次较低，卫星重力场模型高程异常主要包含高程异常的中场波信息。

(3)构造神经网络模型，用 13 个高程异常控制点的信息对网络进行训练，输入层元素取为点位的平面投影坐标大地坐标(X,Y)和 EGM2008 与四个重力场模型计算的模型高程异常 ζ_1、ζ_2、ζ_3、ζ_4 和 ζ_5；输出层元素取为 13 个高程异常控制点的中短波 ζ_L，将所有控制点的信息构成学习集样本：$(X,Y,\zeta_1,\zeta_2,\zeta_3,\cdots,\zeta_i,\cdots,\zeta_L)$，其中，$i=1,2,\cdots,13$。

四个重力场模型计算的模型高程异常,也就是融合的区域重力场信息列于表8-18。

融合的区域重力场信息(单位:m) 表8-18

点名称	平面坐标		EGM2008低阶高程异常	EIGENCHAMP03s高程异常	ITGGrace 2010高程异常	EGM_SPW_R2高程异常	EGM_TIM_R2高程异常	高程异常的中长波ζ_L
	x	y						
N0	65617.531	15058.582	-32.971	-26.406	-30.427	-30.803	-30.637	-22.767
N6	62434.569	14087.115	-33.031	-26.449	-30.365	-30.791	-30.656	-22.690
N11	59009.266	16120.039	-33.172	-26.543	-30.307	-30.790	-30.705	-22.656
N23	54537.758	17961.339	-33.093	-26.661	-30.212	-30.766	-30.744	-22.683
N35	49763.795	25756.915	-33.100	-26.873	-30.112	-30.736	-30.802	-22.778
N57	53003.922	39533.194	-33.469	-26.998	-30.237	-30.798	-30.859	-23.059
N70	48513.122	47963.495	-33.768	-27.213	-30.115	-30.702	-30.818	-22.825
N82	41133.295	52004.016	-33.436	-27.438	-29.866	-30.512	-30.697	-22.838
N91	40585.299	59111.172	-33.479	-27.550	-29.842	-30.448	-30.622	-22.859
N106	38552.566	67974.275	-33.060	-27.721	-29.754	-30.308	-30.465	-22.933
N126	30390.242	75637.485	-33.093	-28.027	-29.405	-29.948	-30.108	-22.506
N144	21013.033	84079.955	-32.224	-28.392	-28.967	-29.469	-29.595	-22.069
N154	16658.090	87443.864	-32.080	-28.562	-28.757	-29.236	-29.340	-21.634

利用给定学习集样本对网络进行训练,在网络输出最接近实测高程异常的状态下获得网络最佳权值。

(4)用训练好的神经网络,通过输入线路上其他控制点的平面投影坐标大地坐标(X,Y)和三个重力场模型计算的模型高程异常ζ_1、ζ_2和ζ_3,计算所有点的高程异常中场波ζ_L的最优估值。

(5)高程待定点的高程异常中长波ζ_L的估值加上EGM2008模型360~2190阶计算的点位高程异常的中短波信息ζ_M即为该点高程异常最终估值ζ,GPS测定大地高H减去点高程异常最终估值ζ得到该点GPS测量海拔高程。将计算高程与实测高程进行比较。计算得到的GPS控制网点正常高与水准实测高程比较结果列于表8-19。

GPS控制网点正常高与水准实测高程比较结果(单位:m) 表8-19

点名称	大地高	计算高程异常	计算高程	水准实测高程	实测与计算高程差
N0	3800.92947	-25.650	3826.579	3826.570	-0.009
N1	3802.43352	-25.652	3828.086	3828.076	-0.010
N2	3802.44315	-25.652	3828.095	3828.089	-0.006
N3	3804.1164	-25.653	3829.769	3829.759	-0.010
N4	3804.82298	-25.648	3830.471	3830.447	-0.024

续上表

点名称	大地高	计算高程异常	计算高程	水准实测高程	实测与计算高程差
N5	3805.24202	-25.645	3830.887	3830.874	-0.013
N6	3807.08699	-25.639	3832.726	3832.722	-0.004
N7	3809.44648	-25.637	3835.083	3835.063	-0.020
N8	3808.06121	-25.635	3833.696	3833.673	-0.023
N9	3808.20014	-25.634	3833.834	3833.820	-0.014
N10	3809.3302	-25.635	3834.965	3834.963	-0.002
N11	3809.51148	-25.634	3835.145	3835.133	-0.012
N12	3809.60814	-25.634	3835.242	3835.221	-0.021
N13	3810.33982	-25.631	3835.971	3835.953	-0.018
N14	3811.0835	-25.624	3836.708	3836.712	0.005
N15	3811.39406	-25.619	3837.013	3837.022	0.009
N16	3812.17165	-25.617	3837.789	3837.795	0.006
N17	3812.28655	-25.614	3837.901	3837.924	0.023
N18	3812.8327	-25.614	3838.447	3838.464	0.017
N19	3813.02742	-25.613	3838.640	3838.652	0.012
N20	3813.24127	-25.610	3838.851	3838.847	-0.004
N21	3813.63296	-25.608	3839.241	3839.254	0.013
N22	3814.26781	-25.609	3839.877	3839.890	0.013
N23	3814.29402	-25.607	3839.901	3839.913	0.012
N24	3815.06238	-25.603	3840.665	3840.658	-0.007
N25	3815.47869	-25.603	3841.082	3841.081	-0.001
N26	3816.50949	-25.600	3842.109	3842.106	-0.003
N27	3816.95318	-25.600	3842.553	3842.546	-0.007
N28	3817.89807	-25.597	3843.495	3843.474	-0.021
N29	3818.87061	-25.595	3844.466	3844.452	-0.014
N30	3819.7812	-25.593	3845.374	3845.361	-0.013
N31	3820.47579	-25.588	3846.064	3846.054	-0.010
N32	3821.70252	-25.583	3847.286	3847.249	-0.037
N33	3822.76573	-25.574	3848.340	3848.323	-0.017
N34	3824.00645	-25.564	3849.570	3849.543	-0.027
N35	3825.39794	-25.550	3850.948	3850.937	-0.011
N36	3826.03621	-25.551	3851.587	3851.562	-0.025
N37	3826.38614	-25.550	3851.936	3851.920	-0.016
N38	3827.02649	-25.552	3852.578	3852.569	-0.009

续上表

点　名　称	大　地　高	计算高程异常	计算高程	水准实测高程	实测与计算高程差
N39	3827.6344	-25.553	3853.187	3853.179	-0.008
N40	3828.33383	-25.555	3853.889	3853.864	-0.025
N41	3829.1845	-25.560	3854.745	3854.734	-0.010
N42	3829.70557	-25.561	3855.267	3855.259	-0.008
N43	3830.40709	-25.564	3855.971	3855.954	-0.017
N44	3831.11769	-25.567	3856.685	3856.687	0.002
N45	3831.76274	-25.574	3857.337	3857.344	0.007
N46	3832.50402	-25.578	3858.082	3858.088	0.006
N47	3833.94702	-25.587	3859.534	3859.555	0.021
N48	3835.05296	-25.597	3860.650	3860.666	0.016
N49	3835.8179	-25.607	3861.425	3861.424	-0.001
N50	3836.07684	-25.622	3861.699	3861.684	-0.015
N51	3838.05013	-25.638	3863.688	3863.670	-0.018
N52	3838.82931	-25.644	3864.473	3864.469	-0.004
N53	3840.23081	-25.649	3865.880	3865.815	-0.065
N54	3841.15102	-25.649	3866.800	3866.777	-0.023
N55	3842.53497	-25.650	3868.185	3868.206	0.021
N56	3843.57718	-25.648	3869.225	3869.242	0.017
N57	3845.0064	-25.642	3870.648	3870.659	0.011
N58	3845.57198	-25.625	3871.197	3871.201	0.004
N59	3846.91266	-25.608	3872.521	3872.535	0.014
N60	3847.52543	-25.592	3873.117	3873.131	0.014
N61	3848.98409	-25.571	3874.555	3874.580	0.025
N62	3849.955	-25.560	3875.515	3875.516	0.001
N63	3850.89925	-25.543	3876.442	3876.452	0.010
N64	3852.10821	-25.526	3877.634	3877.692	0.058
N65	3853.55605	-25.495	3879.051	3879.096	0.045
N66	3855.10309	-25.471	3880.574	3880.590	0.016
N67	3856.40321	-25.446	3881.849	3881.884	0.035
N68	3857.61551	-25.418	3883.034	3883.058	0.024
N69	3859.45282	-25.394	3884.847	3884.871	0.024
N70	3860.37173	-25.378	3885.750	3885.739	-0.011
N71	3861.52124	-25.353	3886.874	3886.905	0.031
N72	3863.53263	-25.340	3888.873	3888.907	0.034

续上表

点名称	大地高	计算高程异常	计算高程	水准实测高程	实测与计算高程差
N73	3865.01655	-25.321	3890.338	3890.425	0.087
N74	3866.11379	-25.313	3891.427	3891.471	0.044
N75	3867.23373	-25.307	3892.541	3892.579	0.038
N76	3868.24965	-25.304	3893.554	3893.579	0.025
N77	3869.63436	-25.299	3894.933	3894.975	0.042
N78	3870.05204	-25.295	3895.347	3895.384	0.037
N79	3871.96926	-25.289	3897.258	3897.291	0.033
N80	3872.90837	-25.284	3898.192	3898.220	0.028
N81	3873.46861	-25.278	3898.747	3898.777	0.030
N82	3875.80235	-25.271	3901.073	3901.074	0.001
N83	3875.00111	-25.264	3900.265	3900.313	0.048
N84	3876.81397	-25.252	3902.066	3902.091	0.025
N85	3878.27207	-25.243	3903.515	3903.552	0.037
N86	3880.2659	-25.234	3905.500	3905.522	0.022
N87	3882.14023	-25.228	3907.368	3907.391	0.023
N88	3884.30363	-25.224	3909.528	3909.534	0.006
N89	3885.9377	-25.224	3911.162	3911.182	0.020
N90	3887.79055	-25.225	3913.016	3913.034	0.018
N91	3888.63296	-25.226	3913.859	3913.871	0.012
N92	3889.70399	-25.223	3914.927	3914.934	0.007
N93	3891.09504	-25.222	3916.317	3916.272	-0.045
N94	3892.86299	-25.223	3918.086	3918.079	-0.007
N95	3894.61051	-25.228	3919.839	3919.835	-0.004
N96	3895.60994	-25.232	3920.842	3920.820	-0.022
N97	3896.6525	-25.235	3921.888	3921.874	-0.014
N98	3900.27191	-25.241	3925.513	3925.478	-0.035
N99	3901.10764	-25.244	3926.352	3926.336	-0.016
N100	3903.21878	-25.243	3928.462	3928.430	-0.032
N101	3904.83525	-25.241	3930.076	3930.048	-0.028
N102	3905.1909	-25.238	3930.429	3930.401	-0.028
N103	3906.8448	-25.232	3932.077	3932.048	-0.029
N104	3908.68724	-25.231	3933.918	3933.893	-0.025
N105	3910.54162	-25.228	3935.770	3935.760	-0.010
N106	3911.19847	-25.225	3936.423	3936.412	-0.011

续上表

点　名　称	大　地　高	计算高程异常	计算高程	水准实测高程	实测与计算高程差
N107	3913.35932	-25.209	3938.568	3938.557	-0.011
N108	3915.08905	-25.191	3940.280	3940.261	-0.019
N109	3919.09718	-25.168	3944.265	3944.240	-0.025
N110	3919.46765	-25.154	3944.622	3944.601	-0.021
N111	3921.79788	-25.134	3946.932	3946.908	-0.024
N112	3924.08157	-25.112	3949.194	3949.164	-0.030
N113	3926.76849	-25.089	3951.857	3951.853	-0.004
N114	3928.26544	-25.077	3953.342	3953.336	-0.006
N115	3929.92549	-25.064	3954.989	3954.982	-0.007
N116	3930.95027	-25.055	3956.005	3955.989	-0.016
N117	3931.97826	-25.047	3957.025	3957.025	0.000
N118	3933.43932	-25.036	3958.475	3958.473	-0.002
N119	3934.1139	-25.032	3959.146	3959.135	-0.011
N120	3935.60606	-25.019	3960.625	3960.621	-0.004
N121	3937.05483	-25.010	3962.065	3962.068	0.003
N122	3939.19144	-25.000	3964.191	3964.185	-0.006
N123	3941.2739	-24.990	3966.264	3966.255	-0.009
N124	3944.28524	-24.977	3969.262	3969.243	-0.019
N125	3946.18933	-24.969	3971.158	3971.146	-0.012
N126	3948.00553	-24.964	3972.970	3972.960	-0.010
N127	3949.42815	-24.960	3974.388	3974.364	-0.024
N128	3951.90314	-24.953	3976.856	3976.840	-0.016
N129	3955.31375	-24.942	3980.256	3980.226	-0.030
N130	3958.43727	-24.932	3983.369	3983.337	-0.032
N131	3962.24862	-24.918	3987.167	3987.114	-0.053
N132	3967.13978	-24.899	3992.039	3992.013	-0.026
N133	3969.56793	-24.889	3994.457	3994.428	-0.029
N134	3971.39267	-24.880	3996.273	3996.232	-0.041
N135	3974.15989	-24.865	3999.025	3998.981	-0.044
N136	3976.61503	-24.852	4001.467	4001.425	-0.042
N137	3979.48655	-24.836	4004.323	4004.292	-0.031
N138	3981.9484	-24.819	4006.767	4006.750	-0.017
N139	3984.951	-24.798	4009.749	4009.733	-0.016
N140	3988.0106	-24.774	4012.785	4012.782	-0.003

续上表

点　名　称	大　地　高	计算高程异常	计算高程	水准实测高程	实测与计算高程差
N141	3990.47252	-24.752	4015.225	4015.245	0.020
N144	3998.25364	-24.693	4022.947	4022.958	0.011
N145	3999.83928	-24.668	4024.507	4024.507	0.000
N146	4001.6078	-24.649	4026.257	4026.236	-0.021
N147	4005.09653	-24.620	4029.717	4029.728	0.011
N148	4006.48845	-24.597	4031.085	4031.103	0.018
N149	4011.26279	-24.547	4035.810	4035.836	0.026
N150	4013.34107	-24.527	4037.868	4037.901	0.033
N151	4015.71609	-24.507	4040.223	4040.255	0.032
N152	4017.22617	-24.488	4041.714	4041.708	-0.006
N153	4019.30801	-24.465	4043.773	4043.753	-0.020
N154	4021.79925	-24.440	4046.239	4046.228	-0.011

8.4.4　结果分析

将计算高程与实测高程之差进行比较。156 个 GPS 控制网点正常高与水准实测高程之差范围结果列于表 8-20。

计算正常高与水准实测高程之差区间统计(单位:m)　　表 8-20

高程差范围	-0.065 ~ -0.050	-0.050 ~ -0.020	-0.02 ~0.020	0.020 ~0.050	0.050 ~0.087
点个数	2	31	91	26	2
所占百分比(%)	1.3	20.4	59.9	17.1	1.3

从表 8-20 中比较数据来看,在 GPS 观测信息计算的 139 点高程之中,计算高程与水准实测高程差值的绝对值大于 0.050m 的点数为 4 点;两者差值的绝对值在 0.020 ~0.050m 之间的点数为 57 点;有 91 点差值的绝对值小于 0.020m,说明大部分点的计算高程有较好的精度。个别点差值较大的原因有二:一是水准测量误差的存在;二是在 GPS 静态观测过程中,仪器高测量有误差,造成大地高误差稍大。计算得到的 156 个 GPS 控制网点正常高与水准实测高程比较统计结果列于表 8-21。

计算正常高与水准实测高程之差统计结果(单位:m)　　表 8-21

点　个　数	最　大　值	最　小　值	平　均　值	标　准　差
152	0.087	-0.065	-0.002	±0.023

从表 8-21 中比较数据来看,在高原区域,利用平均间距为 10km 的高程控制点,融合超高阶重力场模型和卫星重力信息进行 GPS 高程计算,计算正常高与水准实测高程之差的标

准差为 ±0.023m,若考虑水准测量误差的影响,GPS 高程的精度应该优于 ±0.023m。

8.5 结论

主要针对适用于卫星重力信息融合神经网络算法、多时段、多卫星区域重力场信息融合技术、卫星重力在工程线路区域似大地水准面精化中的应用和高精度 GPS 高程测量及高海拔地区交通工程应用等方面进行研究。主要结论如下:

(1)利用 EGM2008 重力场模型为辅助,跨越 2 ~ 3km 的障碍 GPS 高程传递的精度在丘陵地区能够达到 0.010m。GPS 高程传递控制网中以单点椭球高约束为宜,更多的高程传递控制点参与约束并没有明显提高高程传递的精度,但应在高程已知的一侧布设一条基线边,以提高椭球高测量的精度。

(2)本节主要针对利用 GPS 控制网进行跨岭隧道两端洞口间的高程传递进行研究,实验结果表明,利用 EGM2008 超高阶重力场模型作为辅助,通过合理布设 GPS 控制网,GPS 跨山岭高程传递标准差为 0.0123m,可以满足隧道施工高程贯通的要求。GPS 跨山岭高程传递具有误差不累积、降低劳动强度和提高工作效率等优点,GPS 控制网进行高程传递的精度高程异常计算精度和 GPS 大地高的测量精度密切相关,大地高的精度可以通过合理选择点位、延长观测时间等措施提高。如何充分考虑地形起伏对高程异常的影响,提高高程异常计算精度是需要继续进行研究的问题。

(3)利用高阶重力场模型和卫星重力信息,可建立路线路似大地水准面数值模型,利用网络 RTK 技术在获得所测点位的平面坐标的同时可以实时测定和我国高程基准统一的高程,在我国东部区域,精度可优于 0.030m。线路似大地水准面一旦建立,不受控制点沉降等的影响,可利用网络 RTK 技术实时获得正常高。

(4)对于我国中西部高海拔区域,利用高阶全球重力场模型,采用神经网络技术融合卫星重力信息不同频谱的信息,利用平均间距为 10km 的高程控制点,进行 GPS 高程计算,计算正常高与水准实测高程之差的标准差为 ±0.023m,使 GPS 高程测量的精度达到四等几何水准的精度要求。

参 考 文 献

[1] 宁津生.跟踪世界发展动态致力地球重力场研究[J].武汉大学学报(信息科学版),2001,26(6):471-474.

[2] 许厚泽.卫星重力研究:21 世纪大地测量研究的新热点[J].测绘科学,2001,26(3):382-384.

[3] 申文斌,宁津生,李建成,等.论相对论重力位及相对论大地水准面[J].武汉大学学报(信息科学版),2004,29(10):897-900.

[4] 申文斌,宁津生,李建成,等.论大地水准面[J].武汉大学学报(信息科学版),2003,28(6):683-687.

[5] 李斐,陈武,岳建利.GPS/重力边值问题的求解及应用[J].地球物理学报,2003,46(5):595-599.

[6] 李斐,陈武,岳建利.GPS 在物理大地测量中的应用及 GPS 边值问题[J].测绘学报,2003,32(3):198-203.

[7] H. Duquenne. Comparison and Combination of a Gravimetric Quasigeoid with a Levelled GPS Data Set by Statistical Analysis[J]. Phys. Chem. Earth,1999. 24(1): 79-83.

[8] W. E. Featherstone. Evidence of North-South trend between AUSGeoid98 and the Australi an height datum in Southwest Australia[J]. Survey Review,2004,37(291):334-343.

[9] Gachari M. K,Olliver J. G. A high resolution gravimetric geoid of the Eastern Africa region [J]. Survey Review,1998,34(269): 421-436.

[10] Y. Kuroishi ,H. Ando,Y. Fukuda. A new hybrid geoid model for Japan,GSIGEO2000[J]. Journal of Geodesy ,2002 ,76 :428-436.

[11] C. Kotsakis,M. G. Sideris. On the adjustment of combined GPS/leveling/geoid networks[J]. Journal of Geodesy ,1999 ,73 :412-421.

[12] 宁津生,罗志才,李建成.我国省市级大地水准面的现状及技术模式[J].大地测量与地球动力学,2004,24(1):4-8.

[13] 魏子卿,王刚.用地球位模型和 GPS/水准数据确定我国大陆似大地水准面[J].学报,2003,32(1):1-5.

[14] 晁定波.关于我国似大地水准面的精化及有关问题[J].武汉大学学报(信息科学版),2003,28(SIP):110-114.

[15] 郑伟,许厚泽,钟敏,等.基于半解析法有效和快速估计 GRACE 全球重力场的精度[J].地球物理学报,2008,51(6):1704-1710.

[16] Roland Pail,Sean Bruinsma,Federica Migliaccio. First GOCE gravity field models derived by three different approaches[J]. Journal of Geodesy,2011,85:819-843.

[17] 宁津生.卫星重力探测技术与地球重力场研究[J].大地测量与地球动力学,2002,22(1):1-5.

[18] Ch. Gerlach, N. Sneeuw, P. Visser, et al. CHAMP gravity field recovery using the energy balance approach. Advances in Geosciences. 2003,(1):73-80.

[19] P. Visser, N. Sneeuw, C. Gerlach. Energy integral method for gravity field determination from satellite orbit coordinates[J]. Journal of Geodesy. 2003,(77): 207-216.

[20] 李建成,陈俊勇,宁津生,等. 地球重力场逼近理论与中国2000似大地水准面的确定[M]. 武汉:武汉大学出版社,2003:1-13.

[21] 荣敏,周巍,陈春旺. 重力场模型EGM2008和EGM96在中国地区的比较与评价[J]. 大地测量与地球动力学,2009,29(6):123-125.

[22] 高为广,杨元喜. 神经网络辅助的GPS/INS组合导航故障检测算法[J]. 测绘学报,2008,37(4):404-309.

[23] 胡伍生,华锡生. 平坦地区转换GPS高程的混合转换方法[J]. 测绘学报,2002,31(2):128-133.

[24] 宋雷,方剑,黄腾. Bayesian正则化BP神经网络拟合两类似大地水准面[J]. 武汉大学学报(信息科学版),2009,34(5):552-555.

[25] 宋雷,黄腾,方剑,等. 基于贝叶斯正则化BP神经网络的GPS高程转换[J]. 西南交通大学学报(自然科学版),2008,43(6),724-728.

[26] 刘成龙,杨天宇. 基于BP神经网络的GPS高程拟合方法的探讨[J]. 西南交通大学学报(自然科学版),2007,42(2):148-152.

[27] 宁津生,罗佳. 数字城市中大地水准面的功能与精化技术[J]. 地理空间信息,2006,04(1):1-5.

[28] P. Novak, M. Kern, K. P. Schwarz, et al. On geoid determination from airborne ravity[J]. Journal of Geodesy,2003,76: 510-522.

[29] 宋雷,黄腾,方剑,等. 区域似大地水准面精化及水利工程应用分析[J]. 河海大学学报(信息科学版),2008,36(1):93-96.

[30] 周旭华. 卫星重力及其应用研究[D]. 武汉:中国科学院测量与地球物理研究所,2005.

[31] 章传银,郭春喜,陈俊勇,等. EGM 2008地球重力场模型在中国大陆适用性分析[J]. 测绘学报,2009,38(4):283-289.

[32] 宋雷,陈晓华,胡伍生,等. 卫星重力信息融合及区域似大地水准面精化应用[J]. 东南大学学报(自然科学版),2013,43(supⅡ):316-319.

[33] 宋雷. 测量程序算法及Visual Basic语言实现[M]. 济南:山东大学出版社,2013.

[34] 罗志才,陈永奇,宁津生. 地形对确定高精度局部大地水准的影响[J]. 武汉大学学报(信息科学版),2003,28(3):340-344.

[35] 章传银,晁定波. 厘米级高程异常地形影响的算法及特征分析[J]. 测绘学报,2006,35(4):308-314.

[36] 宋黎民,宋雷. 跨障碍GPS高程传递控制网布设方案研究[J]. 测绘与空间地理信息,2015,38(07):21-23.

[37] 王德保,宋雷. 基于EGM2008模型的GPS高程传递及隧道工程应用[J]. 东南大学学报(自然科学版),2013,43(supⅡ):316-319.

[38] 宋黎民,苑庆中,宋雷,等.基于SDCORS的网络RTK在工程测量中的精度分析[J].测绘与空间地理信息,2015,38(01):114-116.

[39] 邹贤才,李建成.最小二乘配置方法确定局部大地水准面的研究[J].武汉大学学报(信息科学版),2004,29(3):218-222.